Simon Kordonsky
Valery Bardin

•

On The Search For Information
In The Totality of Texts
That Represents
The Picture Of The World

Simon Kordonsky

Valery Bardin

On The Search For Information In The Totality of Texts That Represents The Picture Of The World

RusGenProject.com 2010

Washington D.C. • London • Moscow • Hong Kong • New Delhi

Симон Кордонский
Валерий Бардин

О поиске информации в совокупностях текстов, репрезентирующих картины мира

РусГенПроект 2010
Вашингтон • Лондон • Москва • Гонконг • Нью-Дели

УДК 001.2 005 025.4 168.2
ББК в6
   К66

Кордонский, С., Бардин, В.

К66   О поиске информации в совокупностях текстов, репрезентирующих картины мира./ Симон Кордонский, Валерий Бардин. – Вашингтон, РусГенПроект, 2010. – 62 с., 24 табл. – Серия «Гитика Сайенс» – ISBN 978-0-9844227-0-8

В предлагаемой работе показано, что онтологии картин мира имеют собственные структуры, подчиняющиеся "веерно-матричной логике". Рассмотрены подходы по использованию этого свойства картин мира для разработки прототипа системы концептуального поиска.

Работа может быть интересна как специалистам по информационно-поисковым системам, так философам и лингвистам.

Работа подготовлена в рамках проекта создания
прототипа системы концептуального поиска Гитика.

Copyright © 2010 RusGenProject All rights reserved.
Except as permitted under the US Copyright Act, no part of this publication may be reproduced, distributed, or transmitted in any form or by any means, or stored in a database or retrieval system, without the prior written permission of the publisher.

RusGenProject.com,
Division of South Eastern Projects Management Company Limited
Washington D.C. • London • Moscow • Hong Kong • New Delhi

PO Box 96503 #36982
Washington, DC 20090-6503 USA

For more information e-mail gitikaseries@rusgenproject.com
or visit our website www.RusGenProject.com

"Gitika Science" series

Book design by B.B.Opastny

Printed in United States of America

First Edition: March 2010
ISBN 978-0-9844227-0-8 (Russian Language Edition)

*"Идеальная поисковая система
точно определит, что подразумевает пользователь,
и покажет именно те результаты, которые ему нужны"*

Лэрри Пейдж
http://www.google.ru/corporate/tech.html

Введение

Создав электронные сети, люди назвали их содержимое информацией и стали обращаться с этим содержимым как с чем-то само собой разумеющимся и обыденно понятным - как с вещами: производить, потреблять, распределять, хранить, продавать и покупать. Возникли электронные рынки, электронные СМИ, электронная почта, социальные и игровые сети, в которых люди выстраивают почти полноценную жизнь со своей экономикой, политикой, психологией ... и патологией. Электронная жизнь порождает огромное количество текстов, которые так или иначе архивируются и хранятся. В этих текстах содержатся, возможно, ответы на все вопросы, да и сами эти вопросы. В принципе, если бы знать как, то из этого массива можно было бы, вероятно, извлекать все, что хочется узнать. Если бы еще знать как...

Можно, конечно, рассчитывать на то, что когда-нибудь поисковые алгоритмы достигнут такой степени совершенства, что отпадет сама проблема поиска. Однако в это верят, наверное, только самые упертые программисты. А специалисты по информации (информационным сетям, информационному обществу, информационной экономике и т.п.), обсуждая свои прикладные проблемы, постепенно «расширяют кругозор» и философствуют, может быть не очень это рефлектируя. Рассуждения о «таксономиях», «онтологиях», «иерархиях», как и попытки придать этим философским понятиям операциональную форму, мало по малу стали обычным делом среди «продвинутых» специалистов, выступающих в роли создателей новой информационной философии.

Публикации такого рода сейчас скорее пополняют массив текстов, содержащихся в сети, чем решают проблемы поиска содержания в этих массивах. Тем не менее, представляется весьма показательным дрейф от технологических подходов к философским при попытках решения казалось бы прикладных задач. Но его направление сомнительно, ведь философствование было, есть и будет не более чем философствованием. Другое дело попытаться понять, что инструментальное можно было бы извлечь из информации, содержащейся в философских текстах, в том числе и посвященных философии информации. Такие намерения столь же обоснованы, как и само философствование, хотя и не привычны. Ведь обычно предполагается, что философии вообще не содержат той информации, к которой применимы, в частности, статистические методы ее обработки. В них — по общераспространенному мнению — есть смыслы, ценности, содержание, но не информация.

Вопреки этому мнению, мы считаем что философии и философствования, кроме трудно улавливаемого — иногда - смысла, содержат и специфическую информацию, и ее можно научиться извлекать. Более того, именно эта информация и позволит решать многие задачи поиска, не штурмуя массивы «в лоб», а более осмысленным образом.

В работе используются философские по происхождению понятия «картина мира», «онтология» «мировоззрение», «реальность» и ее уровни, которые операционализируются и переопределяются по ходу изложения материала.

Картины мира и их информационные проекции

Мы определяем философию как более-менее связную совокупность представлений о мире, о его структуре и свойствах, иногда представленные соответствующими текстами. Философами же считаем тех, кто придерживается этих представлений, считая их само собой разумеющимися и — часто — более адекватными, чем у других людей. Социализированные люди по определению имеют собственные картины мира и потому в какой-то мере философы.

Мы пытаемся реконструировать то, как проявляется в текстах представления о структуре мира, считая это необходимым для модернизации поисковых стратегий и техник. При этом исходим из того, что поведение людей, в том числе и информационное, вполне рационально в рамках той картины мира, которую они исповедуют. Но это же поведение будет выглядеть иррациональным, если исходить из другой картины мира. Поэтому информационные стратегии (в том числе и поисковые), вполне логичные и практичные в рамках одной философии, теряют адекватность, будучи применены к другим представлениям о существовании. Оптимальная информационная стратегия должна быть в какой-то степени инвариантной относительно картин мира.

Отрефлектированные и упорядоченные мировоззрения составляют содержание рафинированных философских построений, однако профессиональная философия и профессиональные философы составляют пренебрежимо малую часть философствующего (в нашем смысле) сообщества и результатов его жизнедеятельности. Они интересны только как предельные случаи. Гораздо более значимыми представляются неотрефлектированные и внешне слабо упорядоченные мировоззрения, которыми руководствуются люди, вовсе не считающие себя философами.

Эти люди, ведя блоги, участвуя в сетевых дискуссиях, создавая запросы в поисковые машины, готовя информационные сообщения, делая покупки в сети, рассылая пресс-релизы и рассуждая о чем угодно, постоянно воспроизводят свои картины мира, а сеть хранит информацию о них — в том или ином виде.

Корпорации, политические и общественные организации, размещая свои информационные продукты, демонстрируют свои философии: то, что они знают, как устроен мир, что есть «на самом деле» и предъявляют свои мировоззрения многообразными формами рекламы и других информационных продуктов.

Рубрикации формализованных структур научной информации, таких как электронные журналы научных издательств, демонстрируют «рабочие» картины мира профессиональных научных сообществ. Однако нет, наверное, ни одной области науки, в которой не сформировались бы собственные философии и собственные — специализированные — философские картины мира, часто имеющие весьма слабое отношение к эмпирическому и теоретическому опыту, накопленному и конкретной областью знания, и наукой в целом. Эти бесчисленные околонаучные философии в социальном обиходе считаются научными картинами мира и имеют для нас точно такой же статус, что и не- и вненаучные представления о существовании и функционировании.

Картины мира и алгоритмы поиска информации

Считается, что в сети есть все. Ну или почти все, а то, чего нет, вскоре будет вовлечено в глобальный информационный оборот усилиями разного рода информационных институтов. Такое впечатление создает изобилие разного рода сведений, вываливающихся на экран компьютера по любому запросу. Но найти нечто, действительно необходимое сейчас не менее трудно, чем в до-сетевую эру, хотя эти трудности носят иной технический характер.

Алгоритмы поиска, как правило, редуцируют содержание информационных массивов к «простейшим» составляющим, к словам и символам. Они исходят из того, что язык «состоит из»[1] совокупности текстов, а любой текст «состоит из» слов, сочетаний слов, лексем, морфем и других реалий, выделяемых лингвистами. Предположение о том, что язык «состоит из.....» позволяет применить к его анализу статистические методы. Лингвистическая методология и теории, основанные на статистических представлениях о языке, так или иначе детерминируют эволюцию поисковых машин. Поиск в лингво-статистическом информационном пространстве организуется по словам, наборам слов и фразам с использованием тезаурусов и других лингвистических по происхождению инструментов. Все алгоритмы поиска, основанные на статистических представлениях, при реализации дают совокупность сведений — ссылок на сайты, тексты на которых содержат слова из поисковых запросов. И уже из этих текстов ищущий, основываясь на своей картине мире, философской или профессиональной, извлекает нужную ему информацию[2].

Алгоритмы поиска «уплощают» картины мира, заданные текстами. Эти картины невозможно реконструировать из элементов, на которые тексты «раскладываются» при их лингво-статистическом анализе. Ведь статистические методы, как бы ни ухищрялись лингвисты и программисты, не учитывают внутренние структуры картин мира, а терминологические пересечения между ними не позволяют им их различить. И вероятнее всего, никакое совершенствование алгоритмов поиска не позволит это сделать с той точностью, которую считает необходимой цитированный в начале работы Ларри Пейдж.

Казалось бы, библиотеки и архивы являются прямой противоположностью сетевым способам хранения и поиска информации в том смысле, что в них «все разложено по полочкам» согласно принципам библиотечной или иных классификаций, которые, кроме прочего, представляют определенные картины мира. Однако общеизвестно, что системы библиотечной классификации слабо учитывают межпредметность знаний, разделяя мировоззренческие построения и предметные знания не содержательно, а формально-искусственно, что порождает известные специалистам трудности в библиотечном поиске. Искусство и профессионализм библиотекарей и архивистов, как и их картины мира в каком - то смысле эквивалентны изощренности создателей алгоритмов поисковых машин.

Сейчас идет интенсивное взаимопроникновение «библиотечных» и электронных методологий работы с информацией. С одной стороны, оцифровываются миллионы томов «бумажных носителей», а с другой — логики библиотечных классификаций переносятся в информационное пространство. Сеть картируется, ее содержимое классифицируется, рубрицируется и озаглавливается, разделяясь на привычные или интуитивно понятные фрагменты согласно некоторым, не заданным явно, картинам мира.

Люди, интересующиеся историей войн чаще всего живут в ином информационном пространстве, чем члены молодежных группировок. Физики не часто интересуются зоологией беспозвоночных, психологи — химией углерода, а тем, кто верит в судьбу и предназначение, как правило, не интересны проблемы местного самоуправления. Это неявное фрагментирование сети выявляется при анализе информации о посещаемых сайтах и о том, что ищется в сети. Такой анализ дает опосредованную и весьма неопределенную информацию об индивидуальных картинах мира, которая, тем не менее, используется в организации продвижения рекламы.

Нет, наверное, компьютера, в куках которого нельзя было бы найти следов посещений эротических сайтов, а сугубо деловые порталы содержат в себе всякие «изюминки», такие как гороскопы. Секс и мистика разного рода включены в самые разные картины мира так, что — если основываться на статистике сети и анализе посещаемости сайтов — создается ощущение того, что члены сетевого сообщества исповедуют одну, не очень «приличную» философию, паразитируя на которой можно что-то людям «впарить». Сетевые предприниматели руководствуются статистикой сети, и в результате она действительно наполняется «порнухой и мистикой». Можно сказать, что статистические представления о сети, если они становятся основой бизнес-планирования, приводят, в конечном счете, к «запамиванию» информационного пространства, то есть к уменьшению и без того невысокой его прозрачности для инструментов поиска, основанных на лингво-статистических алгоритмах.

Цели работы, ее ограничения и информационная основа

К поиску информации можно подойти иначе, чем это делается сейчас, то есть основываться не только на статистике слов, словосочетаний и тезаурусах, но и на определенных картинах мира[3], в рамках которых лингво-статистические измерения - только одно из многих возможных представлений. Организация такого поиска ограничена тем, что о картинах мира точно известно в основном то, что люди их имеют, и они так устроены, что почти не поддаются содержательной экспликации в терминах канонических и маргинальных философских систем. Вернее, каждая экспликация мировоззрения сама по себе становится определенной философией, формируя особую, производную от этого мировоззрения, картину мира. Поэтому философские труды могут быть скорее информационным сырьем, чем концептуальной основой.

Мы попытались, исходя скорее из здравого смысла, чем из многообразия философских и иных текстов, сконструировать некие грамматики, порождающие базовые элементы картин мира, естественно в предельно идеализированном виде.

Представляемая работа имеет весьма опосредованное отношение к философии, к науке и к теории информации. И совсем не имеет отношения к методологии науки и философским проблемам информации. Ссылки на источники даются в тех случаях, когда это представляется совершенно необходимым и больше как иллюстрации, так как по практически любому тезису этой работы существует необозримое количество философских публикаций.

Для целей этой работы особый интерес представляют википедии как интерактивная форма, в которой консолидируются представления об элементах картин мира, заданных словарными статьями — определениями понятий. В википедиях уже сейчас сконцентрированы миллионы (или сотни тысяч — в зависимости от языка) определений, в той или иной мере представляющих все, наверное, возможные мировоззрения. Однако рубрикации википедий и их интерфейс не позволяют реконструировать картины мира на их основе. Википедийные массивы использовались нами как источник информации, при этом они переиндексировались в соответствие с поставленными задачами. При этом википедии выступают для нас скорее источником слов, которыми описываются картины мира, нежели структурой, в которой консолидированы знания.

***

Итак, целью работы является введение представлений о картинах мира в технологии поиска информации, для чего необходимо структурировать мировоззрения и представить их в форме, которая в той или иной степени имела бы референты в уже существующих в сети рубрикаторах, классификаторах, и пр. Ведь если предметно развести мировоззрения и сформировать фильтры, могущие их различать, то поиск можно организовать уже в пределах нужной картины мира. Техника и методология такой работы сформированы одним из авторов при решении задачи экспликации научных онтологий[4].

Реконструировать логику устройства картин мира можно, если выделить из них общие элементы и упорядочить эти элементы в таком формальном пространстве, которое позволяет реализовать специально разработанные для этой задачи алгоритмы поиска.

Формализованное представление о существующих способах поиска информации

В настоящее время реализуется трехуровневая организации поиска информации, логика которой представлена на таблице 1.

Таблица 1.

Существующие логики поиска

Типы поисков (люди, ищущие что-то) / Уровни поиска	Ищущие слова (факты)	Ищущие наборы слов	Ищущие определения
Значения слов	**Толковые и иные словари**	Словарные значения наборов поисковых слов	Категориальный состав википедий
Информация по ключевым словам	Наборы ссылок на сайты, на которых содержатся поисковые слова	**Содержимое сети, тезаурусы**	Ссылки на сайты, на которые отсылают определения википедии
Категории википедии	Википедийное определение значений поисковых слова	Википедийное определение наборов поисковых слов	**Википедии**

Существует три уровня поиска: отдельные слова, наборы поисковых слов, категории википедии. Соответственно уровням поиска, существует три типа поиска: по отдельным словам, по набору слов, по категориям википедии. Отношения между уровнями поиска и типами поиска рассматриваются как результаты поиска. Строки таблицы соответствуют уровням поиска, столбцы — типам поиска.

Возможны три взаимодополнительных варианта уровня поиска (по словам, по наборам слов, по категориям википедии, три типа поиска (слов, наборов слов, определений), и девять вариантов результатов собственно поиска как сочетаний логик и типов поиска. Современные алгоритмы реализуют все возможные в рамках данной схемы варианты поиска. Критериями соответствия результатов поиска запросу считаются статистические характеристики, подобные приведенным в списке[5].

Если предположить, что возможна еще одна форма поиска - по картинам мира, то таблица 1 преобразуется в таблицу 2.

Таблица 2.

Логики поиска, включающие поиск в картинах мира
(выделена часть, соответствующая таблице 1)

Типы поисков (люди, ищущие что-то) / Уровни поиска	Ищущие слова (факты)	Ищущие наборы слов	Ищущие определения	Ищущие концептуальные тексты — картины мира
Значения слов	**Толковые и иные словари**	Словарные значения наборов поисковых слов	Категориальный состав википедий	Словарный состав описаний картин мира
Информация по ключевым словам	Наборы ссылок на сайты, на которых содержатся поисковые слова	**Содержимое сети, тезаурусы**	Ссылки на сайты, на которые отсылают определения википедии	Наборы ссылок на сайты, на которых содержится мировоззренческая информация
Категории википедии	Википедийное определение значений поисковых слова	Википедийное определение наборов поисковых слов	**Википедии**	Индексированное сообразно картинам мира содержимое википедий
Картины мира	Отнесение поискового слова к картине мира, его идентификация как признака таксона	Идентификация набора поисковых слов как фрагмента картины мира	Категории википедии как признаки таксонов - картин мира	**Картины мира**

В настоящее время сама возможность поиска по картинам мира не реализована ни как уровень поиска, ни как его тип. Отдельные (лингвистические по происхождению) элементы картин мира включаются в алгоритмы поиска как тезарусы.

Картины мира как философские реконструкции «реальности»

С нашей точки зрения, картины мира образованы отношениями между следующими компонентами:

- представлениями о том, что существует в рамках данного мировоззрения и его философии, то есть о сущностях, специфичных для конкретных философий;

- представлениями о том, как связаны реалии, признаваемые философами существующими;

- объяснениями того, почему существует именно то, что существует и почему элементы сущего связаны так, а не иначе;

- философами, носителями этих представлений и объяснений;

Предметом нашего анализа являются только первый и четвертый компоненты, то есть в данном тексте не рассматриваются представления о связях между элементами сущего и объяснения существований.

Начнем с последнего в этом списке компонента, философов. Философий нет вне их носителей, они всегда персонифицированы. Смерть или забвение философа чаще всего означает и исчезновение его картины мира — в том случае, если он не попал в анналы. Но даже и тогда авторская философия со временем растворяется в своих интерпретациях, порождая букеты мировоззрений, уходящих корнями в то, что считается философской классикой, но имеющих, как правило, не много общего с первоначальной авторской картиной мира. Можно сказать, что философы являются особыми элементами картин мира, которые порождают свои предметы, будучи неотделимыми от них во всех смыслах этого слова. Поэтому мы вводим философов как конструкционный элемент этих картин, а не как носителей значимых имен.

Философствующие люди принципиально различаются в том, что признают существующим (сущим, реальностью). Так, для одних людей несомненно существование реальности идей и ценностей, в то время как для других эта реальность представляется эфемерным порождением не очень адекватных философов. Априорные представления о том, что существует в рамках конкретной картины мира мы называем ее онтологией[6]. Онтологии задают начальные условия философствования, в то время как объяснения связей между элементами сущего составляют содержание конкретной философии. В дальнейшем понятия картина мира, мировоззрение и онтология определяются более операционально.

Сотни лет философствования не сделали более ясными ответы на вопрос, что такое существование[7]. Доказать, что нечто существует, можно, наверное, только в чистой математике, когда четко определяются условия, при соблюдении которых некий математический объект существует. Само описание условий и отношений, в которых нечто признается существующим, становится содержанием отдельной философии, за исключением тех случаев, когда речь идет о конкретных людях, особях, отдельностях и других феноменах, имеющих собственные имена и потому обычно не становящихся предметом философствования. Ведь особи-отдельности, имеющие собственные имена, существует безотносительно.

Мы считаем, что в рамках картин мира существует то, что признается таковым соответствующими философами. Так, существование материальной реальности несомненно для философов-материалистов, как и существование идеальных реальностей для философов-идеалистов. Существование информационной реальности само собой разумеется для философствующих специалистов по информации. Философские реальности просто **есть** для тех, кто придерживается соответствующего мировоззрения. Но операционализация понятия «есть», как правило, не прямо входит в содержание этих мировоззрений.

Набор такого рода реальностей весьма широк и ограничен, с нашей точки зрения, только историческими и культурными рамками. Так, в теологических картинах мира спектр признаваемых существующими реальностей кардинально отличается от спектра базовых сущностей «позитивистских» картин мира.

Каждой картине мире соответствует своя специфическая онтология. В то же время, представления о существовании отдельных феноменов могут быть общими для нескольких картин мира. Так, представления о существовании пространства и времени являются общими для всех рассмотренных нами мировоззрений, однако их интерпретации кардинально различаются.

Предположим, что исходные для любого философствования реальности связаны между собой, и формы этих связей достаточно универсальны и поддаются алгоритмизации. Эти реальности и связи между ними находятся вне науки, но научные различения могут быть поставлены к ним в то или иное соответствие. Практически любое философствование инкрустировано фрагментами, демонстрирующими его научность, а научная работа, выходящая за пределы сухого описания результатов экспериментов, как правило, включает в себя нечто философско-мировоззренческое.

Материальной реальности в какой-то, не очень большой степени, соответствует то, что изучают физика, химия, механика и другие «точные» и «естественные» науки. Идеальной реальности соответствует то, что изучают «противоестественные» науки, такие как литературоведение. Социальной реальности могут быть — с большой натяжкой — сопоставлены те феномены, которые изучаются социологией, антропологией, экономикой, социальной психологией и другими «общественными» (не-естественными) науками.

Теологическим и мистическим картинам мира не могут быть поставлены в соответствие какие-либо научные реалии, однако они от этого не становятся ущербными или дисфункциональными.

Дав первичные определения, уточним цель работы. Она состоит в том, чтобы формализовать различные варианты онтологий некоторых современных картин мира и реорганизовать поисковые алгоритмы таким образом, чтобы можно было изначально задавать в параметрах поиска то представление о мире, информация о котором нужна пользователю, отсеивая при этом множество других.

Философские реальности

Количество реальностей — философских представлений о мире, которые нами противопоставляются сугубо научным, вряд ли чем-то ограничено, и они в каком-то смысле менее сложны, так как то, что считается в них существующим, не подлежит верификации и фальсификации, являясь предметом убежденности или веры. Однако при всем разнообразии философские сущности могут быть упорядочены в довольно строгой логике, как будет показано ниже.

Разные представления о мире их носителями — философами считаются совместимыми в условиях соподчиненности и производности друг от друга, что демонстрируют, например, бесконечные споры о приоритете «материи над духом», или «духа над материей». В истории мировоззрений были периоды острых дискуссий между философами, например, между материалистами и идеалистами, «физиками и лириками» или, ближе к современности, между теми информационными философами, которые отстаивали приоритет «харда» перед «софтом», и наоборот. В ходе таких дискуссий формировались базовые представления о том, что существует в рамках определенного мировоззрения и какими отношениями разные аспекты сущего связаны друг с другом, что «первично», а что «вторично» и, следовательно, какая философия «главнее».

Научная реальность как философская конструкция

Необходимо сопоставить философские представления научным онтологиям. Научная онтология (но не картины мира философий наук), как представляется, одна[8], хотя дифференцирована по научным специализациям. Она образована суперпозицией научных (верифицированных и фальсифицированных) представлений о существовании и функционировании.

Собственно научные онтологии проецируются во вненаучные картины мира, образуя то, что в них считается научным. Так например, есть наука физика со своими верифицируемыми и фальсифицируемыми представлениями о существовании и функционировании, то есть внутрипредметной картиной мира. И есть некая «физическая реальность» как часть материалистической картины мира, феномены которой только по названиям-именам схожи со своими предметными естественно-научными прототипами. Предмет науки физики соотносится с философской конструкцией «физическая реальность» далеко не прозрачным образом.

Совокупность якобы научных по происхождению фрагментов картин мира образует особую — научную — реальность, которая рядоположена с материальной, биологической, социальной и иными реальностями, но не с одноименными (или разноименными) науками. Популяризация, политизация, аккультурация науки и ее результатов формируют и пополняют научную реальность, которая имеет мало отношения к собственно науке, выступая ее философским субститутом.

Уровни реальности

Как уже говорилось выше, базовые различия между философиями — для нашей задачи - заключаются в том, **что** в них признается существующим. Естественно, что первое что утверждает философ, это то, что существует **реальность** — предмет его философствования.

Для философов XIX — начала XX веков существовали реальности пространства и времени, материальная (не-живая), живая (биологическая), социальная и идеально-ценностная реальности, что породило соответствующие философии, связанные друг с другом обычно совсем не ясным, философским образом.

С тех пор философы (в широком, определенном выше смысле этого слова) ввели представления (создали) множество других реальностей, но мы — для начала — рассмотрим именно эту, в какой-то степени каноническую для части философов XIX -начала XX века совокупность представлений о существовании, в целом образующие онтологии картин мира более-менее образованных социальных групп того времени.

Связь между разными реальностями проявляется, как уже подчеркивалось, в дискуссиях о первичности-вторичности одной из них. Доктрины материализма вряд ли можно было формулировать, не противопоставляя материальное идеальному, а философы от биологии пытались вскрыть содержание соответствующей философии, противопоставляя живое не-живому, то есть материальной реальности. Философские дискуссии о сущности социального не могли обходиться без рассмотрения отношений между социальным и биологическим, и между социальным и не-живым, материальным.

Само понятие материальной, например, реальности, предполагает и существование не-материальных (идеальных) реальностей, как и наоборот. То есть, необходимым шагом после признания существования какой-либо реальности становится введение другой реальности, ей противопоставленной, с одновременной их иерархизацией. При этом возникает понятие уровней реальности: и материальное, и идеальное (в данном случае) становятся уровнями некоего целого. Само понятие уровня реальности, как правило, не обсуждается. Оно прямо (обыденно-логически) следует из признания какой-либо реальности существующей.

В философских дискуссиях делаются попытки определить связи между уровнями реальности и представить их в рациональном, с точки зрения дискутантов, виде. Развитые философские системы прошлого пытались отразить связи между материальным, социальным и идеальным уровнями, включая необходимые для полноты этой картины мира представления о пространстве и времени (пространственном и временном уровнях реальности). Однако, как правило, философская рациональность была и остается не очень прозрачной. Для того, чтобы принять картину мира основоположника «немецкой классической философии» Гегеля, например, с его разделением мира на природу, государство и то, что он называет «духом», надо поверить в диалектику с ее мистическими отношениями «единства и борьбы противоположностей» и «перехода количества в качество».

Можно сказать, что постулирование уровневой структуры реальности, экспликация связей между уровнями и их субординация составляет содержание философских построений. Так, в философское пространство-время погружены все остальные философские реальности, и нет, наверное, картины мира, в которой было было по-другому. Пространство и время считаются «базовыми» реальностями, или ее уровнями. При этом «материальное» пространство-время (то есть отношения между материальной реальностью и пространственно-временной) существенно отличается от «биологического» пространства-времени, а последнее — от «социальных» пространств-времен, что и отражается в содержаниях соответствующих философий.

Философы, строя свои картины мира и противопоставляясь другим философам, пытаются описать содержательные, с их позиций, связи между уровнями реальности, считая эти уровни существующими априори.

Философы как элементы картин мира

Предположим, что различные философские представления об уровнях реальности формально взаимодополнительны. В условия взаимодополнительности входят существование уровней реальности и соответствующих этим уровням философов. Философы и философии возникают не произвольно, а сообразно и сопряженно уровням реальности. Если есть материальная, к примеру, реальность, то неизбежно существуют и материалисты, а если существует социальная реальность, то существуют и социальные философы. Можно сказать и по другому: если есть материалисты, то есть и материальный уровень реальности, а если есть идеалисты, то есть и идеальный ее уровень. Не существует уровней реальности вне соответствующих философий и философов, как не существует философов без «своих» реальностей.

В развиваемом представлении о структуре философских онтологий, люди - носители уровневых мировоззрений становятся порождающими элементами многоуровневой картины мира. Более того, без привлечения представлений о философах - носителях мировоззрений невозможна реконструкция искомой структуры мировоззрений. Именно отношения носителей разных (специализированных) мировоззрений к многоуровневой структуре реальностей порождает многообразие философских картин мира.

Отношения между уровнями реальности и философами

В европейской философии конца XIX, начала XX века содержание материализма и материальной реальности определяются в оппозиции к содержанию идеализма и идеальной реальности[9]. Представления о существовании социальной реальности определяется в противопоставлении биологической, в частности, реальности[10]. Мы предполагаем, что названные выше (и другие) уровни реальности (и соответствующие философии) есть сечения некоего целого и именно поэтому могут быть представлены как уровни структуры этого целого.

Мы исходим из того, что в онтологиях конкретных философий остаются следы принадлежности к целому, так как любой философский феномен амбивалентен: он принадлежит (имеет размерность, соотнесен) одному уровню реальности, но выделяется (считается существующим) философами другого уровня. Так, пространство (философское пространство) само по себе существует только в рамках весьма неопределенной философии пространства. Но в отношениях людей, философствующих о пространстве, с другими уровнями реальности возникают представления о существовании материальных, биологических, социальных и иных пространств, входящих в онтологии одноименных философий. Или, время само по себе существует только для соответствующих философов, а в отношениях с другими уровнями реальности возникают представления о материальном, биологическом, социальном и иных временах, входящих в одноименные философские онтологии.

Итак, существует **пространственный уровень реальности (пространство) и соответствующие философы**, в размышлениях которых о мире особое место уделяется пространству. Отношения между пространственным уровнем реальности и соответствующими философами нами интерпретируется как **философия пространства**[11]. Этой философии в той или иной, обычно в минимальной степени, соответствуют эмпирически выверенные знания о пространстве, то есть области науки, такие как астрономия, география и разного рода геометрии и топологии. Однако далеко не все собственно научное имеет референты в этой философии, равно как и далеко не все философские представления о пространстве поддаются эмпирической верификации.

Далее, существует **временной уровень реальности (время) и соответствующие философы**, отношения между которыми формируют **философии времени**[12], которым в той или иной мере соответствуют области эмпирического знания, науки, исследующие время — разного рода истории, хронологии, хронометрии. Эмпирическое знание о времени и философии времени как-то связаны друг с другом, однако о полном соответствии говорить не приходиться.

Понятие **материальной реальности** специфично для материалистического представления о мире. Общеизвестно существование **материалистов**, как философов, считающий свое представление о мире единственно верным. Отношения между материальным уровнем реальности и материалистами формируют **материалистическую философию**[13]. Материалистическому мировоззрению в какой-то степени соответствуют области эмпирического знания, такие как физика, химия в их многообразных специализациях, разного рода механики и многие другие науки. Однако соответствия между материалистической философией и научным знанием о том, что называется в философии материальным миром нет, и вряд ли оно может быть.

Следующий уровень образует **биологическая реальность, или биологический уровень реальности.** Существует большое количество **философствующих биологов**, которые в своих работах обсуждают философские проблемы происхождения и развития жизни, ее устройство, пространственно-временные особенности форм жизни и их связи с материальной реальностью, и многое другое. Отношению между биологическим уровнем реальности и философствующими биологами соответствует **философии биологии**[14]. Последней могут, если у философов возникает необходимость, быть поставлены в соответствие собственно биологические науки ((описывающие (ботаника, зоология, микробиология) и аналитические-экспериментальные (генетика, физиология, психология) - как в целом, так и в их специализациях, связанных с науками о неживой природе — то есть о материальной реальности (биохимия, биофизика, биомеханика)). Отношения между эмпирическими биологическими науками и философией биологии весьма сложны, так как многие исследованные свойства форм жизни не представлены в философии биологии, равно как и существенная часть рассуждений философов об устройстве и происхождении форм жизни не находит эмпирических подтверждений.

Существование **социальной реальности** (или социального уровня реальности) столь же несомненно для современников как и материальной реальности. **Социальные философы** обсуждает самые различные аспекты своей реальности в ее связи с философскими же представлениями о пространстве, времени, материи и жизни. Отношения между социальным уровнем реальности и социальными философами образуют область **социальной философии**[15], дифференцированной по странам, социальным слоям и многим другим признакам. Ведь классы и сословия каждого общества имеют собственные картины мира. Социальная философия претендует на объяснение области, которая эмпирически исследуется социологами, социальными психологами, психологами, экономистами и множеством других специалистов. В интерпретационную область социальной философии избирательно вовлекаются отдельные факты, концепции и теории из эмпирического социального знания. В то же время, далеко не все конструкты социальной философии имеют эмпирические референты. Более того, можно предположить, что основное содержание деятельности современных социальных ученых оставляют попытки найти эмпирические референты сугубо философским, спекулятивным понятиям, возникающим при детализациях их мировоззрений.

Реальность идей и ценностей, о которой говорилось ранее, описывается неисчислимым количеством **идеалистических философских построений**[16]. В эмпирическом знании этой реальности в той или иной мере соответствуют искусствоведческие исследования, а также художественная и литературная (идеологическая) критики.

Список реальностей не закрыт и может быть дополнен другими философскими же представлениями, такими как научный, бытовой, культурный и многие другие уровни. Названные выше философские сущности не самодостаточны в полном смысле этого слова. Это именно уровни, срезы, только совокупность которых и может считаться целым, тем, что создатели философских систем пытаются структурировать, изобретая в дискуссиях со своими оппонентами иногда только им понятные термины.

Веерно-матричное представление отношений между уровнями реальности и философами

Для определения условий взаимодополнительности между различными философскими реальностями введем формальное представление отношений между уровнями реальности и философами, одноименными этим уровням, в виде веерных матриц. Не ревизуя описанные выше уровни и не пытаясь рассматривать их философски-содержательно, мы — интуитивно — их иерархируем в таблице и описываем в дальнейшем только отношения между уровнями реальности и разного рода философами, затрагивая внутреннее содержание уровневых представлений в той степени, в которой это нам представляется необходимым для целей работы.

Если исходить из описанных выше философских представлений, то существуют следующие уровни реальности: пространство, время, материальной реальности, биологической реальности, социальной реальности, ценностно-идейной реальности.

Уровни интерферируют друг с другом, но не непосредственно: философы одного уровня сталкиваются с тем, что в их собственной реальности есть феномены, имеющие размерность другого уровня реальности. Так, носитель материалистического мировоззрения (разделяющий картину мира, в которой доминирует материальная реальность), при обращении своего внимания на социальный уровень реальности, фиксирует, например, существование феномена уровня жизни и потребления, в то время как социальный философ, обращаясь к материальной реальности, фиксирует существование «материальной основы цивилизации» - зданий и сооружений, материальной инфраструктуры, вещей и веществ. Интерференция между уровнями реальности, опосредованная уровневыми философами, проявляется в проекциях всех уровней реальности на все: и социальный философ, и философ от биологии, и философ от пространства обнаруживают в своей картине мира феномены, имеющие размерность других, не одноименных, не совпадающих с их философской специализацией уровней реальности. **Более того, иных феноменов они и не обнаруживают.**

Интегративные отношения между реальностями можно отобразить в виде таблицы - веерной матрицы, демонстрирующей отношения между уровнями реальностями и философами, разделяющими уровневые мировоззрения. Таблица строится как отношения между уровнями реальности и одноименными этим уровням носителями мировоззрений. На строки вынесены наименования уровней, а на столбцы — названия соответствующих философов.

Отношения между одноименными уровнями и носителями мировоззрений интерпретируется как соответствующее мировоззрение, включающее в себя как собственно философскую компоненту, так и научную.

В таблице 1 представлены:

- уровни реальности (строки);

- философы — люди, исповедующие соответствующие (одноименные) уровням реальности представления о мире (столбцы);

- уровневые философии, и науки, в какой-то степени соотносимые с философиями — диагональные элементы;

- собственно отношения между уровнями реальности и специализациями философов, представляющие отображение одного уровня реальности в другой - элементы — клетки таблицы.

Этим отношениям — элементам философских онтологий — сопоставлены в этих же клетках таблицы некоторые эмпирические феномены, частично исследуемые в соответствующих областях знания. Списки этих феноменов не закрыты и могут быть дополнены, ревизованы или заменены на более адекватные. Мы исходим из того, что в конечном счете термины клеток таблицы должны быть сопоставлены рубрикаторам википедий.

Таблица 3.

Отношения между уровнями реальности и соответствующими философами

Специализации философов / Уровни реальности	Философы от пространства	Философы от времени	Материалисты	Философы от биологии	Социальные философы	Идеологи, философы-идеалисты
Пространство	Философия пространства: *астрономия, разного рода географии, топология*	Пространства, меняющиеся во времени: *меры, единицы измерения*	Материальные пространства: *размеры и форма материальных объектов, расстояния между материальными объектами*	Биологические пространства: *размеры и форма биологических объектов, расстояния между биологическими объектам*	Социальные пространства: *размеры и форма социальной реальности, расстояния между ними, пути сообщения*	Идеальные пространства: *места поклонения, сакральные и ритуальные пространства*
Время	Локальное время	Философия времени: *хронология, хронометрия, естественная и социальная истории*	Материализованное время: *возраст материальных объектов, часы как материализованное время, Разметка времени через изменение материальных объектов*	Биологическое время: *возраст биологических объектов, биологические часы, биоритмы поколения, время жизни, возрасты жизни. Биологические — геологические эпохи как разметка времен*	Социальное время: *возраст социальных объектов, линейное время - календарное, циклическое время — времена года, поколения, формации, события и происшествия как разметка времени (до войны и после войны). Сутки, недели, месяцы, годы, столетия*	Идеальное (сакральное) время: *исторические и культурные даты, праздники, юбилеи и годовщины как разметка времени.*
Материальная реальность	Распределенная в пространстве материальная реальность: *материки, атмосфера, океаны, острова, горы, пустыни, рельеф, и прочее, интерьер и экстерьер, вещи в широком смысле*	Существующая во времени материальная реальность: *изменяющиеся со временем материальные реальности, рождающиеся материальные реальности*	Материалистическая философия: *механика, физика, химия, материаловедение и прочие.*	Биологическая материальная реальность: *почвы, вода, воздух минеральное сырье — как результат биологических процессов, организмы, тели биологических объектов.*	Социальная материальная реальность: *конструкции, здания и сооружения, дороги. Машины, Механизмы, инструменты и приспособления, инфраструктура (ее материальная основа)*	Идеальная материальная реальность: *символические материальные реальности, государственные символы, драгоценности, памятники, идеологизированные вещества и вещи, ювелирные изделия*
Биологическая реальность	Распределенные в пространстве биологические реальности: *биосфера, биоценозы, пространственное воплощение жизни, Экосистемы, биологическое пространственное разнообразие*	Существующие во времени биологические реальности: *циклы жизни, сукцессии, пищевые цепи, метаморфизм, рост, развитие, размножение, умирание, палеонтологическая история*	Материализованные биологические реальности: *материальное воплощение биологических объектов, их формы — тела (стволы, туши и прочее), месторождения. Лес, почва, пустыня и прочее*	Философия биологии: *зоология, ботаника, микробиология, генетика, физиология, психология*	Социализованные биологические реальности: *еда и питание, сон, пищевые и прочие зависимости, отправление естественных потребностей, Медицина, здоровье и болезни.*	Идеализированные (сакрализованные) биологические реальности: *полезные и вредные биологические реальности, охраняемые и исчезающие формы жизни.*
Социальная реальность	Распределенная в пространстве социальная реальность: *страны, поселения, социальные границы*	Существующая во времени социальная реальность: *события и происшествия, изменяющаяся во времени социальная реальность*	Материализованная социальная реальность: *уровень жизни и потребление*	Биологизированная социальная реальность: *Семья, род, племя, этнос, жизненный цикл, смерть. Образование, воспитание, социализация.*	Социальная философия: *социологии, антропология*	Идеализированная (сакрализованные) социальная реальность: *конфессии, субкультуры, идеологизированные группы*
Идеально-ценностная реальность	Идеи и ценности пространства: *изобразительное искусство, фотография, ценности пространства*	Идеи времен, дух времени и ценности времени: *ритм, музыка*	Материалистические идеи и ценности: *Идеи материальной культуры в широком смысле, идеи вещей, материальные ценности, ценности производства. Понятия о нормах потребления и его ценностях. Потребительская мораль*	Биологические идеи и ценности: *идеи биологических потребностей, идеологизированные запреты и ограничения на питание, идеи здоровья и болезни, з Ценность жизни. Биологическая этика*	Социальные идеи и ценности: *социальные нормы, социальная этика*	Идеалистическая философия: *литературная и художественная критики, искусствознание*

Рассмотрим отношения между строками и столбцами таблицы 3, то есть между уровнями реальности и философами, обладающими уровневыми мировоззрениями.

Диагональные элементы таблицы, то есть пересечения одноименных уровней реальности и специализаций философов, выделены болдом: крупным кеглем - уровневые философии; мелким кеглем - области научного знания, соотносимые с уровнями реальности и соответствующими философиями весьма непрямым образом.

Наполнения вне диагональных элементов — отношения между разноименными уровнями реальности и соответствующими философами. Крупным кеглем обозначены онтологические категории, связанные с различением уровней реальности, мелким кеглем курсивом — возможные категории поиска, к которым могут быть сводимы рубрикаторы википедии, то есть феномены, имеющие в той или иной степени референты в социальной практике.

В целом таблица демонстрирует связность философских представлений о том, что существует в их мире. Взаимодополнительность проявляется в первую очередь в том, что понятия и представления произвольного уровня реальности имеют двойную соотнесенность (амбивалентность). Так, понятие «мера» по уровню реальности принадлежит пространству, а по мировоззрению — философам времени. Или понятие идеи/ценности по уровню реальности относится к идейно-ценностному уровню, а по мировоззрению — к социальным философам.

Отношения между одноименными уровнями реальности и философами

Отношения между пространственным уровнем реальности и соответствующими философами интерпретируется как философия пространства, с которой в той или иной степени соотносятся науки о пространстве — астрономия, разные формы географии и топологии.

Отношения между временным уровнем реальности и соответствующими философами интерпретируется как соответствующие философии времени, с которыми в какой-то степени соотносятся как науки о времени (хронометрия, хронология, естественная и социальная истории).

Отношения между материальным уровнем реальности и материалистами интерпретируется как философия материализма и в той или иной степени соотносимые с ней науки (физика в ее многообразных специализациях, механика, химия, и другие).

Отношения между биологической реальностью и философствующими биологами интерпретируется как философия биологии и частично соотносимая с этой философией совокупность наук о жизни (описывающих — ботаника, зоология, микробиология, и аналитических — биохимия, генетика, физиология, психология в их специализациях и в отношениях между собой).

Отношения между социальной реальностью и социальными философами интерпретируется как социальная философия, с которой в той или иной степени соотносится комплекс наук о человеке и обществе (антропология, этнография, лингвистика, культурология, экономика, науки о поведении и др).

Отношения между идеолого-ценностным уровнем реальности и соответствующими философами интерпретируется как теории ценностей и разного рода теоретические идеологии. В науке этому отношению можно сопоставить искусствоведение, художественную и литературную критику.

Отношения между разноименными уровнями реальности и философами

Рассмотрим теперь отношения между разноименными уровнями реальности и соответствующими философами. Причем рассмотрение будет идти по столбцам таблицы, и по ее строкам, то есть как экспликация того онтологического содержания определенной философии, которое возникает при включении в нее представлений о других уровнях реальности.

Онтология философии пространства (столбец «философы от пространства» в их отношениях с другими уровнями реальности)

Таблица 4.

Онтологическое содержание философии пространства

Уровни реальности \ Специализации философов	Философы от пространства
Пространство	**Философия пространства:** *астрономия, разного рода географии, топология*
Время	Локальное время
Материальная реальность	Распределенная в пространстве материальная реальность: *материки, атмосфера, океаны, острова, горы, пустыни, рельеф, и прочее. интерьер и экстерьер, вещи в широком смысле*
Биологическая реальность	Распределенные в пространстве биологические реальности: *биосфера, биоценозы, пространственное воплощение жизни, Экосистемы, биологическое пространственное разнообразие*
Социальная реальность	Распределенная в пространстве социальная реальность: *страны, поселения, социальные границы*
Идеально-ценностная реальность	Идеи и ценности пространства: *изобразительное искусство, фотография, ценности пространства*

Таблица 5.

Онтологическое содержание философии времени

(столбец «философы от времени» в их отношениях с другими уровнями реальности)

Уровни реальности \ Специализации философов	Философы от времени
Пространство	Пространства, меняющиеся во времени: *меры, единицы измерения*
Время	**Философия времени:** *хронология, хронометрия, естественная и социальная истории*
Материальная реальность	Существующая во времени материальная реальность: *изменяющиеся со временем материальные реальности, рождающиеся материальные реальности*
Биологическая реальность	Существующие во времени биологические реальности: *циклы жизни, сукцессии, пищевые цепи, метаморфизм, рост, развитие, размножение, умирание, палеонтологическая история*
Социальная реальность	Существующая во времени социальная реальность: *события и происшествия, изменяющаяся во времени социальная реальность*
Идеально-ценностная реальность	Идеи времен, дух времени и ценности времени: *ритм, музыка*

Таблица 6.

Онтология философии материализма

(столбец «материалисты» в их отношениях с другими уровнями реальности)

Специализации философов / Уровни реальности	Материалисты
Пространство	Материальные пространства: *размеры и форма материальных объектов, расстояния между материальными объектами*
Время	Материализованное время: *возраст материальных объектов, часы как материализованное время, Разметка времени через изменение материальных объектов*
Материальная реальность	**Материалистическая философия:** *механика, физика, химия, материаловедение и прочие*
Биологическая реальность	Материализованные биологические реальности: *материальное воплощение биологических объектов, их формы — тела (стволы, туши и прочее), месторождения. Лес, почва, пустыня и прочее*
Социальная реальность	Материализованная социальная реальность: *уровень жизни и потребление*
Идеально-ценностная реальность	Материалистические идеи и ценности: *Идеи материальной культуры в широком смысле, идеи вещей, материальные ценности, ценности производства. Понятия о нормах потребления и его ценностях. Потребительская мораль*

Таблица 7.

Онтология философии биологии

(столбец «философы от биологии» в их отношениях с другими уровнями реальности)

Специализации философов / Уровни реальности	Философы от биологии
Пространство	Биологические пространства: *размеры и форма биологических объектов, расстояния между биологическими объектам*
Время	Биологическое время: *возраст биологических объектов, биологические часы, биоритмы поколения, время жизни, возрасты жизни. Биологические — геологические эпохи как разметка времен*
Материальная реальность	Биологическая материальная реальность: *почвы, вода, воздух минеральное сырье — как результат биологических процессов, организмы, тела биологических объектов.*
Биологическая реальность	**Философия биологии:** *зоология, ботаника, микробиология, генетика, физиология, психология*
Социальная реальность	Биологизированная социальная реальность: *Семья, род, племя, этнос, жизненный цикл, смерть. Образование, воспитание, социализация.*
Идеально-ценностная реальность	Биологические идеи и ценности: *идеи биологических потребностей, идеологизированные запреты и ограничения на питание, идеи здоровья и болезни, з Ценность жизни. Биологическая этика*

Таблица 8.

Онтологическое содержание социальной философии

(столбец «социальные философы» в их отношениях с другими уровнями реальности)

Специализации философов / Уровни реальности	Социальные философы
Пространство	Социальные пространства: *размеры и форма объектов социальной реальности, расстояния между ними, пути сообщения*
Время	Социальное время: *возраст социальных объектов, линейное время - календарное, циклическое время — времена года, поколения, формации, события и происшествия как разметка времени (до войны и после войны). Сутки, недели, месяцы, годы, столетия*
Материальная реальность	Социальная материальная реальность: *конструкции, здания и сооружения, дороги. Машины, Механизмы, инструменты и приспособления, инфраструктура (ее материальная основа)*
Биологическая реальность	Социализованные биологические реальности: *еда и питание, сон, пищевые и прочие зависимости, отправление естественных потребностей, Медицина, здоровье и болезни.*
Социальная реальность	Социальная философия: *социологии, антропология*
Идеально-ценностная реальность	Социальные идеи и ценности: *социальные нормы, социальная этика*

Таблица 9.

Онтологическое содержание философии идеализма

(столбец «философы-идеалисты» в их отношениях с другими уровнями реальности)

Специализации философов / Уровни реальности	Идеологи, философы-идеалисты
Пространство	Идеальные пространства: *места поклонения, сакральные и ритуальные пространства*
Время	Идеальное (сакральное) время: *исторические и культурные даты, праздники, юбилеи и годовщины как разметка времени.*
Материальная реальность	Идеальная материальная реальность: *символические материальные реальности, государственные символы, драгоценности, памятники, идеологизированные вещества и вещи, ювелирные изделия*
Биологическая реальность	Идеализированные (сакрализованные) биологические реальности: *полезные и вредные биологические реальности, охраняемые и исчезающие формы жизни.*
Социальная реальность	Идеализированная (сакрализованные) социальная реальность: *конфессии, субкультуры, идеологизированные группы*
Идеально-ценностная реальность	Идеалистическая философия: *литературная и художественная критики, искусствознание*

Рассмотрим другое представление таблицы, по строкам, которое фиксирует наполнение уровней реальности, совпадающие с онтологическим содержанием соответствующих философий только в одном элементе — самой философии. Пространственная реальность при таком представлении мировоззрений образована следующими фрагментами:

Таблица 10.

Онтологическое содержание пространственного уровня реальности
(строка «пространственная реальность» в отношениях с философами)

Специализации философов / Уровни реальности	Философы от пространства	Философы от времени	Материалисты	Философы от биологии	Социальные философы	Идеологи, философы-идеалисты
Пространство	Философия пространства: астрономия, разного рода географии, топология	Пространства, меняющиеся во времени: меры, единицы измерения	Материальные пространства: размеры и форма материальных объектов, расстояния между материальными объектами	Биологические пространства: размеры и форма биологических объектов, расстояния между биологическими объектам	Социальные пространства: размеры и форма объектов социальной реальности, расстояния между ними, пути сообщения	Идеальные пространства: места поклонения, сакральные и ритуальные пространства

Таблица 11.

Онтологическое содержание временного уровня реальности
(строка «временная реальность» в отношениях с другими философами)

Специализации философов / Уровни реальности	Философы от пространства	Философы от времени	Материалисты	Философы от биологии	Социальные философы	Идеологи, философы-идеалисты
Время	Локальное время	Философия времени: хронология, хронометрия, естественная и социальная истории	Материализованное время: возраст материальных объектов, часы как материализованное время. Разметка времени через изменение материальных объектов	Биологическое время: возраст биологических объектов, биологические часы, биоритмы поколения, время года, время жизни, возрасты жизни. Биологические — геологические эпохи как разметка времен	Социальное время: возраст социальных объектов, линейное время - календарное, циклическое время — времена года, поколения, формации, события и происшествия как разметка времени (до войны и после войны). Сутки, недели, месяцы, годы, столетия	Идеальное (сакральное) время: исторические и культурные даты, праздники, юбилеи и годовщины как разметка времени.

Таблица 12.

Онтологическое содержание материального уровня реальности
(строка «материальная реальность» в отношениях с другими философами)

Специализации философов / Уровни реальности	Философы от пространства	Философы от времени	Материалисты	Философы от биологии	Социальные философы	Идеологи, философы-идеалисты
Материальная реальность	Распределенная в пространстве материальная реальность: материки, атмосфера, океаны, острова, горы, пустыни, рельеф, и прочее. интерьер и экстерьер, вещи в широком смысле	Существующая во времени материальная реальность: изменяющиеся со временем материальные реальности, рождающиеся материальные реальности	Материалистическая философия: механика, физика, химия, материаловедение и прочие	Биологическая материальная реальность: почвы, вода, воздух минеральное сырье — как результат биологических процессов, организмы, тела биологических объектов.	Социальная материальная реальность: конструкции, здания и сооружения, дороги. Машины, Механизмы, инструменты и приспособления, инфраструктура (ее материальная основа)	Идеальная материальная реальность: символические материальные реальности, государственные символы, драгоценности, памятники, идеологизированные вещества и вещи, ювелирные изделия

Таблица 13.

Онтологическое содержание биологической уровня реальности
(строка «биологическая реальность» в отношениях с другими философами)

Специализации философов / Уровни реальности	Философы от пространства	Философы от времени	Материалисты	Философы от биологии	Социальные философы	Идеологи, философы-идеалисты
Биологическая реальность	Распределенные в пространстве биологические реальности: *биосфера, биоценозы, пространственное воплощение жизни, Экосистемы, биологическое пространственное разнообразие*	Существующие во времени биологические реальности: *циклы жизни, сукцессии, пищевые цепи, метаморфизм, рост, развитие, размножение, умирание, палеонтологическая история*	Материализованные биологические реальности: *материальное воплощение биологических объектов, их формы — тела (стволы, туши и прочее), месторождения. Лес, почва, пустыня и прочее*	Философия биологии: *зоология, ботаника, микробиология, генетика, физиология, психология*	Социализованные биологические реальности: *еда и питание, сон, пищевые и прочие зависимости, отправление естественных потребностей, Медицина, здоровье и болезни.*	Идеализированные (сакрализованные) биологические реальности: *полезные и вредные биологические реальности, охраняемые и исчезающие формы жизни.*

Таблица 14.

Онтологическое содержание социального уровня реальности
(строка «социальная реальность» в отношениях с другими философами)

Специализации философов / Уровни реальности	Философы от пространства	Философы от времени	Материалисты	Философы от биологии	Социальные философы	Идеологи, философы-идеалисты
Социальная реальность	Распределенная в пространстве социальная реальность: *страны, поселения, социальные границы*	Существующая во времени социальная реальность: *события и происшествия, изменяющаяся во времени социальная реальность*	Материализованная социальная реальность: *уровень жизни и потребление*	Биологизированная социальная реальность: *Семья, род, племя, этнос, жизненный цикл, смерть. Образование, воспитание, социализация.*	Социальная философия: *социологии, антропология*	Идеализированная (сакрализованные) социальная реальность: *конфессии, субкультуры, идеологизированные группы*

Таблица 15.

Онтологическое содержание идеально-ценностного уровня реальности
(строка «идеальная реальность» в отношениях с другими философами)

Специализации философов / Уровни реальности	Философы от пространства	Философы от времени	Материалисты	Философы от биологии	Социальные философы	Идеологи, философы-идеалисты
Идеально-ценностная реальность	Идеи и ценности пространства: *изобразительное искусство, фотография, ценности пространства*	Идеи времен, дух времени и ценности времени: *ритм, музыка*	Материалистические идеи и ценности: *Идеи материальной культуры в широком смысле, идеи вещей, материальные ценности, ценности производства. Понятия о нормах потребления и его ценностях. Потребительская мораль*	Биологические идеи и ценности: *идеи биологических потребностей, идеологизированные запреты и ограничения на питание, идеи здоровья и болезни, з Ценность жизни. Биологическая этика*	Социальные идеи и ценности: *социальные нормы, социальная этика*	Идеалистическая философия: *литературная и художественная критики, искусствознание*

Каждая картина мира может быть представлена как суперпозиция одноименных строки и столбца таблицы.

Так, материалистическое мировоззрение представимо суперпозицией онтологического содержания материального уровня реальности (соответствующая строка таблицы 3) и онтологического содержания материалистической философии (соответствующий столбец таблицы 3).

Таблица 16.

Онтологическое содержание материалистической картины мира
(сочетание одноименных строки и столбца)

Специализации философов / Уровни реальности	Философы от пространства	Философы от времени	Материалисты	Философы от биологии	Социальные философы	Идеологи, философы-идеалисты
Пространство			Материальные пространства: *размеры и форма материальных объектов, расстояния между материальными объектами*			
Время			Материализованное время: *возраст материальных объектов, часы как материализованное время, Разметка времени через изменение материальных объектов*			
Материальная реальность	Распределенная в пространстве материальная реальность: *материки, атмосфера, океаны, острова, горы, пустыни, рельеф, и прочее. интерьер и экстерьер, вещи в широком смысле*	Существующая во времени материальная реальность: *изменяющиеся со временем материальные реальности, рождающиеся материальные реальности*	**Материалистическая философия:** *механика, физика, химия, материаловедение и прочие*	Биологическая материальная реальность: *почвы, вода, воздух минеральное сырье — как результат биологических процессов, организмы, тела биологических объектов.*	Социальная материальная реальность: *конструкции, здания и сооружения, дороги. Машины, Механизмы, инструменты и приспособления, инфраструктура (ее материальная основа)*	Идеальная материальная реальность: *символические материальные реальности, государственные символы, драгоценности, памятники, идеологизированные вещества и вещи, ювелирные изделия*
Биологическая реальность			Материализованные биологические реальности: *материальное воплощение биологических объектов, их формы — тела (стволы, туши и прочее), месторождения. Лес, почва, пустыня и прочее*			
Социальная реальность			Материализованная социальная реальность: *уровень жизни и потребление*			
Идеально-ценностная реальность			Материалистические идеи и ценности: *Идеи материальной культуры в широком смысле, идеи вещей, материальные ценности, ценности производства. Понятия о нормах потребления и его ценностях. Потребительская мораль*			

Материалистическое мировоззрение интегрирует элементы таблицы по столбцу и по строке таким образом, что в нем — по видимости — представлены все уровни реальности, однако в специальном — материалистическом — виде. При этом собственное онтологическое содержание этой философии (столбец) и материальный уровень реальности имеют только один общий элемент — саму материалистическую философию.

А идеалистическая картина мира (сочетание одноименных строк и столбца) может быть представлена следующим образом:

Таблица 17.

Онтологическое содержание идеалистической картины мира

Специализации философов / Уровни реальности	Философы от пространства	Философы от времени	Материалисты	Философы от биологии	Социальные философы	Идеологи, философы-идеалисты
Пространство						Идеальные пространства: *места поклонения, сакральные и ритуальные пространства*
Время						Идеальное (сакральное) время: *исторические и культурные даты, праздники, юбилеи и годовщины как разметка времени.*
Материальная реальность						Идеальная материальная реальность: *символические материальные реальности, государственные символы, драгоценности, памятники, идеологизированные вещества и вещи, ювелирные изделия*
Биологическая реальность						Идеализированные (сакрализованные) биологические реальности: *полезные и вредные биологические реальности, охраняемые и исчезающие формы жизни.*
Социальная реальность						Идеализированная (сакрализованные) социальная реальность: *конфессии, субкультуры, идеологизированные группы*
Идеально-ценностная реальность	Идеи и ценности пространства: *изобразительное искусство, фотография, ценности пространства*	Идеи времен, дух времени и ценности времени: *ритм, музыка*	Материалистические идеи и ценности: *Идеи материальной культуры в широком смысле, идеи вещей, материальные ценности, ценности производства. Понятия о нормах потребления и его ценностях. Потребительская мораль*	Биологические идеи и ценности: *идеи биологических потребностей, идеологизированные запреты и ограничения на питание, идеи здоровья и болезни, з Ценность жизни. Биологическая этика*	Социальные идеи и ценности: *социальные нормы, социальная этика*	**Идеалистическая философия:** *литературная и художественная критики, искусствознание*

Онтология известной дискуссии между материалистами и идеалистами, при условии, что кроме материалистических и идеалистических реальностей включена и пространственная реальность) может быть представлена таблицей 18.

Таблица 18.

Картина мира, сложившаяся в дискуссии материалистов и идеалистов

Специализации философов / Уровни реальности	Философы от пространства	Философы от времени	Материалисты	Идеологи, философы-идеалисты
Пространство	Философия пространства: *астрономия, разного рода географии, топология*	Пространства, меняющиеся во времени: *меры, единицы измерения*	Материальные пространства: *размеры и форма материальных объектов, расстояния между материальными объектами*	Идеальные пространства: *места поклонения, сакральные и ритуальные пространства*
Материальная реальность	Распределенная в пространстве материальная реальность: *материки, атмосфера, океаны, острова, горы, пустыни, рельеф, и прочее. интерьер и экстерьер, вещи в широком смысле*	Существующая во времени материальная реальность: *изменяющиеся со временем материальные реальности, рождающиеся материальные реальности*	Материалистическая философия: *механика, физика, химия, материаловедение и прочие*	Идеальная материальная реальность: *символические материальные реальности, государственные символы, драгоценности, памятники, идеологизированные вещества и вещи, ювелирные изделия*
Идеально-ценностная реальность	Идеи и ценности пространства: *изобразительное искусство, фотография, ценности пространства*	Идеи времен, дух времени и ценности времени: *ритм, музыка*	Материалистические идеи и ценности: *Идеи материальной культуры в широком смысле, идеи вещей, материальные ценности, ценности производства. Понятия о нормах потребления и его ценностях. Потребительская мораль*	Идеалистическая философия: *литературная и художественная критики, искусствознание*

В картину мира дискутантов входили пространственная, материальная и идеальные реальности. В дискуссиях принимали участие философы - материалисты и идеалисты, в то время как философы от пространства, если и принимали участие, то в качестве материалистов и идеалистов. Именно в этой дискуссии родилось бессмысленное с научной точки зрения утверждение «электрон также неисчерпаем, как и атом». Однако это утверждение вполне в духе материалистической философии, для которой атомы и электроны есть части «материальной реальности», а не аналитические объекты нарождающейся атомной физики.

Переопределение базовых понятий

Каждый фрагмент (клетка таблицы) каждой картины мира, если исходить из структуры таблицы 3, имеет две валентности: с одной стороны он принадлежит уровню реальности, с другой — входит в онтологию определенного философа. Клетки таблицы, где совпадают имена уровней реальности и наименований философов, интерпретируются как соответствующие философии. Это единственные не амбивалентные фрагменты картин мира. Онтологии философий образуются объективированными отношениями между определенными уровнями реальности и разноименным уровням философами. Эти отношения интерпретируются как сущности, принадлежащие одному уровню реальности, но выделяемые философами, специализированными на других уровнях. Любая произвольно выбранная картина мира — в рамках представляемой логики — составляется из таких амбивалентных элементов[17].

Веерно-матричное представление позволяет ввести понятие полноты (завершенности) картины мира, то есть полной экспликации сущностей, имеющихся при определенном наборе уровней реальности и соответствующих философий. Полнота проявляется в отсутствии незаполненных клеток таблицы, то есть в экспликации всех отношений между уровнями реальности и соответствующими философами.

Построенная веерная матрица позволяет более точно определить основные понятия, используемые в данной работе.

В частности, онтология определяется как совокупность элементов таблицы, принадлежащих одному уровню реальности, но фиксируемых философами, специализированных на других ее уровнях. Можно говорить об онтологии определенной философии (по столбцам таблицы), и об онтологии уровней реальности (по строкам таблицы). Онтологии уровней реальности и онтологии одноименных философий не совпадают, имея только один общий элемент — саму философию.

Понятие картины мира определяется как объективированные отношения между набором фиксированных уровней реальности и соответствующих этим уровням философами. Картины мира, при таком их представлении, не произвольны. Они включают в себя определенный набор уровней реальности, соответствующих уровням философов и отношения между ними. В каждой картине мире представлено несколько философий, соответствующих уровням реальности.

Под мировоззрением понимается совокупность элементов таблицы как по одной выделенной строке таблице, так и по одноименному столбцу, как это показано на таблицах. Можно говорить о материалистическом, идеалистическом, социальном и иных мировоззрениях. Мировоззрения являются компонентами картин мира, их срезами по строке и столбцу.

Таким образом, веерно-матричное представление отношений между уровнями реальности и одноименным им философами позволяет моделировать как онтологии уровневых философий, так и связи между ними, то есть задавать явным образом онтологическое содержание картин мира.

Порождение реальностей в социальной практике

Ранее подчеркивалось, что представления об уровнях реальности возникают в социальной практике и могут меняться. С начала XX века возникли многие новые — относительно представлений XIX века — уровни. Так, из наиболее демонстративных уровней, представлений о которых не было еще век назад, можно назвать реальности науки, предпринимательства и бизнеса, политики, информации, в какой-то мере обыденной жизни, и многие другие, в том числе и сексуальный уровень, в котором объективированы философии родоначальников психоанализа и их последователей.

Особое место занимает научная реальность, возникшая в середине XX века. Ее формирование шло параллельно с развитием собственно науки, понимаемой как совокупность методов исследования, реализуемых в профессиональной научной деятельности применительно к верифицируемым представлениям о существовании и фальсифицируемым представлением о функционировании. В отличие от науки, научная реальность, как уже говорилось выше, представляет собой умозрение, рядоположенное с материальной, биологической и иными реальностями. Научная картина мира образована отношениями между научной и иными реальностями и имеет только терминологической сходство с наукой и ее эмпирическими и теоретическими конструктами. Неразличение научной реальности и собственно науки приводит к определенным парадоксам, таким как существование «потепления климата» в научной реальности при отсутствии каких-либо научных фактов, свидетельствующих о таком процессе.

Каждый из этих уровней обретает собственных философов и, соответственно, свои философии. Новые уровни реальности модернизируют устоявшиеся картины мира, расширяют их, однако философское осмысление идет в той же самой логике, которая свойственна исходным. Например, информационная реальность, не существовавшая для философов еще лет шестьдесят назад, сегодня ставится в ряд с материальной реальностью и с собственно социальной, так что некоторые информационные философы обсуждают вопросы о «первичности информации над материей».

Такая онтологизация реальностей, в общем-то производных от социальной, позволяет рассматривать их в одном логическом пространстве с теми реальностями — уровнями, которые нами рассматривались как базовые.

Рассмотрим некоторые из этих уровней в ранее описанной логике.

Реальность деятельности, бизнеса включает в себя феномены, частично описываемые экономикой, частично такими специфичными областями знания как праксеология или теория деятельности. Существует множество работ по **философии предпринимательства**, таких как труды Форда или Карнеги.

Политическая реальность включает в себя феномены политической организации общества, политических институтов, партий, деятельности и многое другое, частично описываемое многообразными **политическими философиями**[18], частично изучаемое в разных отраслях политологии.

Существование **информационной реальности** уже не является предметом дискуссий. Обсуждение проблем информационного общества, электронного правительства и других феноменов этого уровня идет не менее интенсивно, нежели дискуссии между материалистами и идеалистами в свое время. Существует множество работ по **философии информационной реальности**[19] (информационного общества, в частности), слабо соотносимых, с нашей точки зрения, с собственно научным исследованием тех феноменов, которые философы от информации объединяют единым термином.

Существует огромное количество философских работ, посвященных **культурной реальности.** Феномены культуры эмпирически изучаются наукой культурологией, концепции которой во многом носят сугубо философский характер.

В отечественных вузах преподается курс «философских концепций науки», **«философии науки»**, в которых описываются многочисленные «научные картины мира», имеющие только терминологические сходство с одноименными областями теоретического и эмпирического знания.

И наконец, существование **обыденности как уровня реальности** для любого обывателя, в том числе и философствующего несомненно. **Философия обыденной жизни**[20] (бытовое мировоззрение), существуя в социальной практике как необходимый компонент общения между людьми, иногда становится и предметом философского осмысления. Эмпирически обыденная жизнь изучается многочисленными социальными науками, в которых она расщепляется на предметы изучения этнографов, культур-антропологов, социологов и многих других специалистов. Однако из результатов их исследований обыденная жизнь, а тем более ее философия, реконструируются с большим трудом. И уж конечно, философские реконструкции обыденности имеют мало отношения к тому, что вскрывается усилиями полевых исследователей.

Такая картина мира, при всей ее громоздкости, тем не менее отражает не очень значимую часть содержания существующего информационного пространства. Известно, что информация, содержащая в той или иной степени сексуальные и мистические представления составляют 90 и более процентов объема электронного информационного пространства. Поэтому расширим таблицу за счет включения соответствующих уровней реальности и философов.

Таблица 19.

Отношения между уровнями реальности и уровневыми философами

Специализации философов / Уровни реальности	Философы от пространства	Философы от времени	Материалисты	Философы от биологии	Социальные философы
Пространство	**Философия пространства**: астрономия, разного рода географии, топология	Пространства, меняющиеся во времени: меры, единицы измерения	Материальные пространства: размеры и форма материальных объектов, расстояния между материальными объектами	Биологические пространства: размеры и форма биологических объектов. Расстояния между биол. объектами	Социальные пространства: размеры, форма объектов социальной реальности, расстояния между ними, пути сообщения
Время	Локальное время	**Философия времени**: хронология, хронометрия, естественная и социальная истории	Материализованное время: возраст материальных объектов, часы как материализованное время, Разметка времени через изменение материальных объектов	Биологическое время: возраст биологических объектов, биологические часы, биоритмы поколения, время жизни, возрасты жизни. Биологические — геологические эпохи как разметка времен"	Социальное время: возраст социальных объектов, линейное время, циклическое время: времена года, поколения, формации; события и происшествия как разметка времени (до/после войны). Сутки, недели, месяцы, годы, столетия
Материальная реальность	Распределенная в пространстве материальная реальность: материки, атмосфера, океаны, острова, горы, пустыни, рельеф, и прочее. интерьер и экстерьер, вещи в широком смысле	Существующая во времени материальная реальность: изменяющиеся со временем материальной реальности, рождающиеся материальные реальности	**Материалистическая философия**: механика, физика, химия, материаловедение и прочие.	Биологическая материальная реальность: почвы, вода, воздух минеральное сырье — как результат биологических процессов, организмы, тела биологических объектов	Социальная материальная реальность: конструкции, здания и сооружения, дороги. Машины, Механизмы, инструменты и приспособления, инфраструктура (ее материальная основа)
Биологическая реальность	Распределенные в пространстве биологические реальности: биосфера, биоценозы, прочие пространственное воплощение жизни, Экосистемы, биологическое пространственное разнообразие	Существующие во времени биологические реальности: циклы жизни, сукцессии, пищевые цепи, метаморфизм, рост, развитие, размножение, умирание, палеонтологическая история	Материализованные биологические реальности: Материальное воплощение биологических объектов, их формы — тела (стволы, туши и прочее), местообразования. Лес, почва, пустыня и прочее.	**Философия биологии**: зоология, ботаника, микробиология, генетика, физиология, психология	Социализованные биологические реальности: еда и питание, сон, пищевые и прочие зависимости, отправление естественных потребностей, медицина, здоровье и болезни
Социальная реальность	Распределенная в пространстве социальная реальность: страны, поселения, социальные границы	Существующая во времени социальная реальность события и происшествия, изменяющаяся во времени социальная реальность	Материализованная социальная реальность: уровень жизни и потребления	Биологизированная социальная реальность: Семья, род, племя, этнос, жизненный цикл, смерть. Образование, воспитание, социализация.	**Социальная философия**: социологии, антропология
Политическая реальность	Пространственная политика: Государства, административно-территориальное деление, государственные и административные границы, округа, межгосударственные союзы	Существующая во времени политическая реальность: рабочее время, время отдыха, система праздников, сезоны, поясное время, декретное время и пр.	Политика управления материальными ресурсами: распределительные институты	Биологизированная политическая реальность: Биологическая политика регулирование рождаемости и смертности, борьба за здоровый образ жизни, борьба с инфекционными болезнями, и пр	Социализованная политическая реальность: Социальная политика. семейная, пенсионная, образовательная и пр политики
Предпринимательская реальность	Распределенная в пространстве предпринимательская реальность: торговля пространством, землей. Границы бизнесов	"Связанная со временем предпринимательская реальность фьючерсы, прогнозы, «время- деньги»"	Материализованная предпринимательская реальность: бизнес с материальными реальностями -вещами и веществами	Бизнес на биологических объектах: медицинский бизнес, сельскохозяйственный бизнес, спорт	Бизнес на "социалке": социальное конструирование, проектирование, социальная защита, благотворительность, социальные бизнесы, торговля гарантиями (страховка)
Идеально-ценностная реальность	Идеи и ценности пространства: изобразительное искусство, фотография, ценности пространства	Идеи времен, дух времени ритм, музыка	Материалистические идеи и ценности: Идеи материальной культуры в широком смысле, идеи вещей, материальные ценности, ценности производства. Понятия о нормах потребления и его ценностях. Потребительская мораль	Биологические идеи и ценности: идеи биологических потребностей, идеологизированные запреты и ограничения на питание, идеи здоровья и болезни, Ценность жизни, Биологическая этика	Социальные идеи и ценности: социальные нормы, социальная этика
Информационная реальность	Информация о пространстве: карты, схемы, разметки дорог, указатели и прочее, системы координат, GPS-навигация	Информация о времени: точное время, поясное время, времена года-сезоны	Информация о материальных объектов: реклама вещей и веществ. Информация о погоде и природных явлений типа магнитных бурь. Новости материального мира	Биологическая информация: биологические и медицинские справочники и пр. Информация о биологических опасностях. Новости о биологической реальности. Реклама здоровья, чистоты и пр.	Социальная информация: социальная статистика, социологические и прочие обследования, новости о социальной реальности, в том числе местные, вроде смертей, браков и разводов. Социальная реклама
Бытовая реальность	Быт в пространстве: преодоление пространства в быту на работу, с работы, домой, на дачу, в гости, в ресторан, в магазин и пр., транспорт, обустройство пространства	Быт во времени: временные затраты на работу, на отдых, на развлечение, на сон и прочее.	Материализованный быт: уровень жизни и потребления материальных благ	Биологический быт: состояние здоровья, лечение-процедуры, прием лекарств, структура питания-диета, организация отдыха и сна	Социальный быт: семейные и родственные, дружеские, враждебные отношения

Политические философы	Философы от бизнеса	Идеологи, философы-идеалисты	Информационные философы	Философствующие обыватели
Политические пространства: *пространство власти, границы власти, политические центры и периферия, размеры политических объектов*	Предпринимательские пространства: *места деловой активности*	Идеальные пространства: *места поклонения, сакральные и ритуальные пространства*	Информационные пространства: *охват аудитории, структура информ. пространства*	Бытовые пространства: *пространство быта и бытовых отношений, его размеры и формы*
Политическое время: *возраст политических объектов, политические эпохи, режимы властей, циклы выборов, династическое время и пр.*	Время бизнеса: *деловое время (оборот времени-капитала), время кредитов, экономические циклы*	Идеальное (сакральное) время: *Исторические и культурные даты, праздники, юбилеи и годовщины как разметка времени*	Информационное время: *время подачи и сбора информации, время хранения информации, возраст информации, программы вещания*	Бытовое время: *утро, день вечер, сегодня-завтра, давно и вчера, на той неделе и в прошлом году. Рабочее время и время отдыха*
Политическая материальная реальность: *сила, власть Охраняемая и осваиваемая материальная реальность (климат, например)*	Предпринимательская материальная реальность: *созданные в ходе деятельности материальные реальности, материальные результаты бизнеса, товары и деньги*	Идеальная материальная реальность: *символические материальные реальности, государственные символы, драгоценности, памятники, идеологизированные вещества и вещи, ювелирные изделия*	Информационная материальная реальность: *материальные носители информации. Бумажные и электронные СМИ, книги, библиотеки, архивы*	Бытовая материальная реальность: *квартира, машина, дача, мебель, одежда-обувь, отопление-охлаждение, водопровод, канализация, связь, гизмы, дивайсы, бытовой инструмент*
Политизированные биологические реальности: *охраняемая живая природа, осваиваемая живая природа, загрязняемая природа*	Вовлеченные в бизнес биологические реальности: *созданные в ходе деятельности биологические реальности, биотехнологии. Сельское хозяйство*	Идеализированные (сакрализованные) биологические реальности: *полезные и вредные биологические реальности, охраняемые и исчезающие формы жизни*	Информационные биологические реальности: *биоинформационные реальности*	Бытовые биологические реальности: *продукты питания, лекарства, домашние животные, паразиты, насекомые, микробы и вирусы, здоровье, болезни в бытовом смысле*
Политизированная социальная реальность: *социальная структура, социальные группы, классы и сословия*	Предпринимательская социальная реальность: *труд, рабочие места*	Идеализированная (сакрализованные) социальная реальность: *конфессии, субкультуры, идеологизированные группы*	Информационная социальная реальность: *информационные социальные институты: связь и символические коммуникации, телефон и интернет*	Бытовая социальная реальность: *«свои и чужие», начальники и подчиненные, соседи, родственники и знакомые, друзья*
Политическая философия: *политология, политические науки*	Предпринимательская политическая реальность: *захваты рынков, демпинг, рейдерство и прочее*	Идеализированная политическая реальность	Информационная политическая реальность	Бытовая политическая реальность
Бизнес на политике	**Предпринимательская философия:** *теория деятельности, праксеология*	Бизнес на идеях и ценностях: *конструирование идей, их продажа, конверсия ценностей и идей в стоимости*	Бизнес на информации: *покупка-продажа информации, рекламирование, создание информации*	Бытовой бизнес: *заработать, сшздить, купить — продать, наварить, наебать, потилить*
Политические идеи и ценности: *идеи добра, справедливости свобода, служение, и прочее. Нормы политической жизни. Политическая этика этика*	Предпринимательские идеи и ценности: *Идеи эффективности, наживы, и прочее, идеи – схемы бизнесов ценности предпринимательства, идеи товаров и денег. Нормы предпринимательской деятельности, бизнес-мораль*	**Идеалистическая философия:** *литературная и художественная критика, искусствознание*	Идеи и ценности информационной реальности: *информационная этика*	Бытовые идеи и ценности: *пожрать, поспать, развлечься, выпить и закусить, покурить и вмазать. Бытовая мораль*
Политическая информация: *информационные поводы, политические новости. Политическая реклама*	Бизнес-информация: *индексы деловой активности, цены, прогнозы и пр*	Информация о идеях и ценностях	**Информационная философия:** *теория информации*	Бытовая информация: *слухи, сплетни, истории из жизни звезд, анекдоты.*
Политический быт: *политические споры и разговоры, собрания и встречи, союзы и соглашения*	Предпринимательский быт: *деловые встречи, знакомства и связи, деловые контакты в бане, ресторане, на охоте, совместный отдых партнеров*	Идеологический быт: *походы в церковь или к святым местам, посиделки обсуждением судеб родины*	Информационный быт: *смотрение ТВ, радио, чтение газет, поиски информации в сети*	**Обывательская философия**

Таблица 20.

Картина мира, включающая в себя мистический и сексуальный уровни

Специализации философов \ Уровни реальности	Философы от пространства	Философы от времени	Материалисты	Философы от биологии	Социальные философы	Философы от культуры	Философы от науки
Пространство	Философия пространства: астрономия, разного рода географии, топология	Пространства, меняющиеся во времени. меры, единицы измерения	Материальные пространства: размеры и форма материальных объектов, расстояния между материальными объектами	Биологические пространства: размеры и форма биологических объектов. Расстояния между биол. объектами	Социальные пространства: размеры и форма объектов социальной реальности, расстояния между ними, пути сообщения	Культурные пространства: размеры и форма объектов культурной реальности, расстояния между ними	Научное пространство: космическое, земное, существующие безотносительно исследованиям
Время	Локальное время	Философия времени: хронология, хронометрия, естественная и социальная истории	Материализованное время: возраст материальных объектов, часы как материализованное время. Разметка времени через изменение материальных объектов	Биологическое время: возраст биологических объектов, биологические часы, биоритмы поколения, время жизни, возрасты жизни. Биологические, геологические эпохи как разметка времени	Социальное время: возраст социальных объектов, линейное время, циклическое время: времена года, поколения, формации; события и происшествия как разметка времени (до/после войны). Сутки, недели, месяцы, годы, столетия	Культурное время: культурный возраст, культурное время (эпохи культуры)	Научное время: шкалы времени, абсолютное время
Материальная реальность	Распределенная в пространстве материальная реальность: материки, атмосфера, океаны, острова, горы, пустыни, рельеф, и пр. вещи в широком смысле	Существующая во времени материальная реальность, изменяющиеся со временем материальные процессы, рождающиеся материальные реальности	Материалистическая философия: механика, физика, химия, материаловедение и прочие	Биологическая материальная реальность: почвы, вода, воздух минеральное сырье — как результат биологических процессов, организмы, тела биологических объектов	Социальная материальная реальность: конструкции, здания и сооружения, дороги. Машины, Механизмы, инструменты и приспособления, инфраструктура (ее материальная основа)	Культурная материальная реальность: материальные объекты культуры, памятники, культурные здания и сооружения	Научная материя: атомы, молекулы и прочие понятия, извлеченные из предметных областей науки
Биологическая реальность	Распределенные в пространстве биологические реальности: биосфера, биоценозы, пространственное воплощение жизни, Экосистемы, биологическое разнообразие	Существующие во времени биологические реальности: циклы жизни, сукцессии, пищевые цепи, метаморфизм, рост, развитие, размножение, умирание, палеонтологическая история	Материализованные биологические реальности: Материальное воплощение биологических объектов, их формы тела (стволы, туши и прочее), месторождения. Лес, почва, пустыня и пр.	Философия биологии: зоология, ботаника, микробиология, генетика, физиология, психология	Социализованные биологические реальности: еда и питание, сон, пищевые зависимости, отправление естественных потребностей, медицина, здоровье и болезни	Окультуренные биологические реальности: зоопарки, сады, поля и пр	Научная биологическая реальность: виды, гены, организмы и пр.
Социальная реальность	Распределенная в пространстве социальная реальность: страны, поселения, социальные границы	Существующая во времени социальной реальности события и происшествия, изменяющиеся во времени социальная реальность	Материализованная социальная реальность: уровень жизни и потребление	Биологизированная социальная реальность: Семья, род, племя, этнос, жизненный цикл, смерть. Образование, воспитание, социализация.	Социальная философия: социологии, антропология	Окультуренная социальная реальность: кино, театры, музеи и прочее	Научная социальная реальность: классы, сословия, расы, нации, и прочее, существующие безотносительно исследованиям
Культурная реальность	Распределенная в пространстве культурная реальность: европейская, восточная, северная и прочие культуры	Существующая во времени культурная реальность: исчезнувшие культуры, возникающие культуры, актуальные культуры	Материализованная культурная реальность: материализованные, представленные вещами культуры. Культуры, детерминированные материальностью	Биологически детерминированная культурная реальность: культуры собирателей, скотоводов, охотников и прочие	Социализированная культурная реальность: субкультуры	Философия культуры: культурология	Научная культурная реальность: архетипы, комплексы и прочее, существующие безотносительно исследованиям
Научная реальность	Науки о пространстве: геополитики	Науки о времени: типа новой хронологии	Науки о материальной реальности, исходящие из принципа «состоять из...»	Науки о биологической реальности, исходящие из принципа ""происходить от""	Науки о социальной реальности (типа марксовой теории классовой борьбы)	Науки о культурной реальности: культурологии	Философия науки
Политическая реальность	Пространственная политика: Государства, административное деление, государственные и административные границы, округа, межгосударственные союзы	Существующая во времени политическая реальность: рабочее время, время отдыха, система праздников, сезоны, поясное время, декретное время и пр.	Политика управления материальными ресурсами: распределительные институты	Биологизированная политическая реальность: Биологическая политика, регулирование рождаемости, борьба за здоровый образ жизни, борьба с инфекц. болезнями, и пр.	Социализованная политическая реальность: Социальная политика, семейная, пенсионная, образовательная и пр политики	Окультуренная политическая реальность: Культурная политика	Научная политика: финансирование, прогнозирование НТП и пр.
Предпринимательская реальность	Распределенная в пространстве предпринимательская реальность: торговля пространствами, землей. Границы бизнесов	Связанная со временем предпринимательская реальность: фьючерсы, прогнозы, «время-деньги»	Материализованная предпринимательская реальность: бизнес с материальными реальностями -вещами и веществами	Бизнес на биологических объектах: медицинский бизнес, сельскохозяйственный бизнес, спорт	Бизнес на "социалке": социальное конструирование, проектирование, соцзащита, благотворительность, социальные бизнесы, торговля гарантиями (страховкой)	Бизнес на культуре: культурное предпринимательство, бизнес на развлечениях, бизнес на культурных потребностях и стереотипах	Научный бизнес
Идеально-ценностная реальность	Идеи и ценности пространства: изобразительное искусство, фотография, ценности пространства	Идеи времен, дух времени и ценности времени: ритм, музыка	Материалистические идеи и ценности: Идеи материальной культуры, идеи вещей, мат. ценности, ценности производства. Нормы потребления и его ценностях	Биологические идеи и ценности: идеи биологических потребностей, идеологизированные запреты и ограничения на питание, идеи здоровья и болезни, Ценность жизни. Биоэтика	Социальные идеи и ценности: социальные нормы, социальная этика	Культурные идеи и ценности	Научные идеи как внеучные феномены
Информационная реальность	Информация о пространстве: карты, схемы, разметки дорог, указатели и прочее, системы координат, GPS-навигация	Информация о времени: точное время, поясное время, времена года- сезоны	Информация о материальных объектах: реклама вещей и веществ. Информация о погоде и явлениях типа магнитных бурь. Новости материального мира	Биологическая информация: биологические и медсправочники и пр. Информация о биоопасностях. Новости о биологической реальности. Реклама здоровья, чистоты и пр.	Социальная информация: социальная статистика, соцобследования, новости о социальной безопасности, в том числе местные, вроде смертей, браков и разводов. Социальная реклама	Культурная информация: информация о событиях культуры	Научная информация
Бытовая реальность	Быт в пространстве: преодоление пространства в быту на работу, с работы, в гости, транспорт, обустройство пространства	Быт во времени: временные затраты на работу, на отдых, на развлечение, на сон и прочее	Материализованный быт: уровень жизни и потребления материальных благ	Биологический быт: состояние здоровья, лечение-процедуры, прием лекарств, структура питания-диета, организация отдыха и сна	Социальный быт: семейные, дружеские, враждебные отношения	Культурный быт: театр, кино, ТВ, развлечения и прочее	Научный быт
Сексуальная реальность	Секс в пространстве: пространственно различающиеся сексуальные практики (восточные, западные пр)	Секс во времени: доисторический секс, современный секс, ситуативный секс	Материализованная сексуальная реальность: сексапильность	Биологизированная сексуальная реальность: потенция	Социализированная сексуальная реальность: семейный секс, промискуитет и прочее	Культурный секс: секс, определенный культурными нормами	Научный секс
Мистическая реальность	Мистика и магия в пространстве: магическая трансформация пространства	Мистика и магия времени: воздействие на время, путешествия в прошлое и будущее	Мистика и магия с материальной реальностью: трансмутация элементов, превращение одних материальных реальностей в другие	Биологическая мистика и магия: превращение одних форм жизни в другие, заговоры от болезней, магическое оживление и убиение	Социальная мистика и магия: приворот, заговоры и пр. колдовство как социальные действия	Культурная мистика и магия: принятые в культуре магические действия, ритуалы («спасибо», «пожалуйста», рукопожатия и поцелуи)	Научная мистика: чудеса природы и таинство науки

О поиске информации в совокупностях текстов, репрезентирующих картины мира

Политические философы	Философы от бизнеса	Идеологи, философы-идеалисты	Информационные философы	Философствующие обыватели	Философствующие сексологи	Философствующие колдуны и ведьмы
Политические пространства: *пространство власти, границы власти, политические центры и периферия, размеры политических объектов*	Предпринимательские пространства: *места деловой активности*	Идеальные пространства: *места поклонения, сакральные и ритуальные пространства*	Информационные пространства: *охват аудитории, структура информ. пространства*	Бытовые пространства: *пространство быта и бытовых отношений, его размеры и формы*	Сексуальные пространства: *пространство сексуальных отношений, размеры и форма сексуальных объектов*	Магические пространства: *пространства, наполненные мистическим смыслом, волшебные пространства, размеры и форма магических объектов*
Политическое время: *возраст политических объектов, политические эпохи, режимы власти, циклы выборов, династическое время и пр.*	Время бизнеса: *деловое время (оборот времени-капитала), время кредитов, экономические циклы*	Идеальное (сакральное) время: *Исторические и культурные даты, праздники, юбилеи и годовщины как разметка времени*	Информационное время: *время подачи и сбора информации, время хранения информации, возраст информации, программы вещания*	Бытовое время: *утро, день, вечер, сегодня-завтра, давно и вчера, на той неделе и в прошлом году. Рабочее время и время отдыха*	Сексуальное время: *время сексуальных отношений*	Магическое время: *время колдовства, трансформированное время (будущее-прошлое), предсказания, прозрения и видение прошлого*
Политическая материальная реальность: *сила, власть. Охраняемая и осваиваемая материальная реальность (климат, например)*	Предпринимательская материальная реальность: *созданные в ходе деятельности материальные реальности, материальные результаты бизнеса, товары и деньги*	Идеальная материальная реальность: *символические материальные носители информации. Государственные символы, драгоценности, памятники, идеологизированные вещества и вещи, ювелирные изделия*	Информационная материальная реальность: *материальные носители информации. Бумажные и электронные СМИ, книги, библиотеки, архивы*	Бытовая материальная реальность: *квартира, машина, дача, мебель, одежда-обувь, отопление-охлаждение, водопровод, канализация, связь, гизмы, дивайсы, бытовой инструмент*	Сексуальная материальная реальность: *сексуальные приспособления, вещи для секса*	Мистическая материальная реальность: *вещи, обладающие магическими свойствами, амулеты и оберги и пр.*
Политизированные биологические реальности: *охраняемая живая природа, осваиваемая живая природа, загрязняемая природа*	Вовлеченные в бизнес биологические реальности: *созданные в ходе деятельности биологические реальности, биотехнологии. Сельское хозяйство*	Идеализированные (сакрализованные) биологические реальности: *полезные и вредные биологические реальности, охраняемые и исчезающие формы жизни*	Информационные биологические реальности: *биоинформационные реальности*	Бытовые биологические реальности: *продукты питания, лекарства, домашние животные, паразиты, насекомые, микробы и вирусы, здоровье, болезни в бытовом смысле*	Сексуальные биологические реальности: *пол, гомо и гетеросексуализм, сексуально-привлекательные биологические объекты*	Мистическая биологическая реальность: *волшебные и магические формы жизни (царевны-лягушки, единороги, аленькие цветочки и пр.)*
Политизированная социальная реальность: *социальная структура, социальные группы, классы и сословия*	Предпринимательская социальная реальность: *труд, рабочие места*	Идеализированная (сакрализованные) социальные институты, субкультуры, идеологизированные группы	Информационная социальная реальность: *информационные социальные институты: связь и символические коммуникации, телефон и интернет*	Бытовая социальная реальность: *«свои и чужие», начальники и подчиненные, соседи, родственники и знакомые, друзья*	Сексуальная социальная реальность: *социальная организация сексуальных отношений, публичные дома, семья как сексуальный социальный институт*	Мистическая социальная реальность: *иерархии колдунов и магов, их социальных организации, масоны и жиды, буддистские монахи, Трехсторонняя комиссия и пр. тайн общества*
Политизированная культурная реальность: *политические культуры*	Предпринимательская культурная реальность: *культуры предпринимательства*	Идеализированная (сакрализованная) культурная реальность: *идеологические культуры*	Информационная культурная реальность: *информационные культуры*	Бытовая культурная реальность	Сексуальная культура	Мистифицированная культурная реальность
Науки о политике: *политологии*	Науки о бизнесе: *теории предпринимательства и бизнеса*	Науки об идеологиях и идеях	Науки о информации: *теории информационного общества и аналогичные*	Науки о быте и бытовании	Науки о сексе, всякие сексологии	Науки о мистике и магии
Политическая философия: *политология, политические науки*	Предпринимательская политическая реальность: *захваты рынков, демпинг, рейдерство и пр.*	Идеализированная политическая реальность	Информационная политическая реальность	Бытовая политическая реальность	Сексуальная политическая реальность: *кто кого и кто с кем*	Мистифицированная политическая реальность
Бизнес на политике	**Предпринимательская философия:** *теория деятельности, праксеология*	Бизнес на идеях и ценностях: *конструирование идей, их продажа, конверсия ценностей и идей в стоимости*	Бизнес на информации: *покупка-продажа информации, рекламирование, создание информации*	Бытовой бизнес: *заработать, спиздить, купить — продать, наварить, наебать, попилить*	Бизнес на сексе: *проституция, торговля сексуальными образами*	Бизнес на мистике и магии
Политические идеи и ценности: *идеи добра, справедливости свобода, служение, и прочие. Нормы политической жизни. Политическая этика*	Предпринимательские идеи и ценности: *Идеи эффективности, наживы, и прочие, и идеи — схемы бизнесов ценности предпринимательства, идеи товаров и денег. Нормы предпринимательской деятельности, бизнес-мораль*	**Идеалистическая философия:** *литературная и художественная критики, искусствознание*	Идеи и ценности информационной реальности: *информационная этика*	Бытовые идеи и ценности: *пожрать, поспать, развлечься, выпить и закусить, покурить и вмазать. Бытовая мораль*	Сексуальные идеи и ценности	Мистические и магические идеи и ценности
Политическая информация: *информационные поводы, политические новости. Политическая реклама*	Бизнес-информация: *индексы деловой активности, цены, прогнозы и пр*	Информация о идеях и ценностях	**Информационная философия:** *теория информации*	Бытовая информация: *слухи, сплетни, истории из жизни звезд, анекдоты*	Информация о сексуальной реальности: *порнуха, сексуальное просвещение и пр.*	Информация о мистической реальности: *гороскопы, тайные знаки, приметы, шифрованные тексты и пр.*
Политический быт: *политические споры и разговоры, знакомства и встречи, союзы и соглашения*	Предпринимательский быт: *деловые встречи, знакомства и связи, деловые контакты в бане, ресторане, на охоте, совместный отдых партнеров*	Идеологический быт: *походы в церковь или к святым местам, посиделки обсуждением судеб родины*	Информационный быт: *смотрение ТВ, радио, чтение газет, поиски информации в сети*	**Обывательская философия**	Сексуальный быт: *привычный и экстремальный секс*	Мистически-магический быт: *исполнение магических обрядов вроде «плюнь через левое плечо», номера на машины с мистическими наборами цифр и пр.*
Политизированный секс: *политическая проституция*	Коммерческий секс: *проституция*	Идеологизированный секс: *тантризм и прочее*	Информационный секс: *эротика, порнуха*	Бытовой секс	**Сексуальная философия:** *сексология*	Мистифицированная сексуальная реальность: *магический секс, обрядовый секс*
Политическая мистика и магия: *заколдовывание политических противников и вербовка союзников. Собрания тайных обществ*	Предпринимательская мистика и магия: *деловое колдовство: заколдовывание партнеров и конкурентов*	Идеологическая мистика и магия: *черная и белая магии, злое и доброе колдовство, мистическая борьба добра и зла, инь и янь*	Информационная мистика и магия: *25 кадр, реклама колдунов, магов, передачи о тайных обществах и прочем*	Бытовая мистика и магия: *заговоры, приметы, магические запреты на бытовые действия*	Сексуальная мистика и магия приворот: *отвороты, увеличение - уменьшение отенции, сексапильности, любовные заговоры*	**Философия мистики и магии**

Мировоззренческие редукции, или частные картины мира

Нам представляется, что список уровней реальности и соответствующих философий не может быть закрытым. Расширение списка реальностей, возникновение новых уровней и последующее обогащение картин мира является естественным процессом. Так, могут быть включены экономический, военный, образовательный, медицинский и многие другие уровни реальности и соответствующие философы, однако графические возможности не позволяют отобразить в одной таблице многообразие существующих картин мира.

В тоже время, можно предположить, что вряд ли существует человек или группа людей, сформировавших полное философское представление о структуре мира, то есть руководствующиеся в своей практике всем набором уровней реальности и разделяющих все уровневые философии. Картины мира отдельных людей и их групп ограничены, причем ограничения определяются тем, какие уровни реальности находятся вне поля философствования.

Если мировоззрение ограничено пространственным, обывательским и мистическим уровнями реальности и соответствующими уровневыми философиями, то его картина мира может быть представлена следующей веерной матрицей.

Таблица 21.

Обывательско-мистическая картина

Специализации философов / Уровни реальности	Философы от пространства	Философы от времени	Материалисты	Философствующие обыватели	Философствующие сексологи	Философствующие колдуны и ведьмы
Пространство	Философия пространства: *астрономия, разного рода географии, топология*	Пространства, меняющиеся во времени: *меры, единицы измерения*	Материальные пространства: *размеры и форма материальных объектов, расстояния между материальными объектами*	Бытовые пространства: *пространство быта и бытовых отношений, его размеры и формы*	Сексуальные пространства: *пространство сексуальных отношений, размеры и форма сексуальных объектов*	Магические пространства, *наполненные мистическим смыслом, волшебные пространства, размеры и форма магических объектов*
Время	Локальное время	Философия времени: *хронология, хронометрия, естественная и социальная истории*	«Материализованное» время: *возраст материальных объектов, часы как материализованное время. Разметка времени через изменение материальных объектов*	Бытовое время: *утро, день вечер, сегодня-завтра, давно и вчера, на той неделе и в прошлом году. Рабочее время и время отдыха*	Сексуальное время: *время сексуальных отношений*	Магическое время: *время колдовства, трансформированное время (будущее-прошлое), предсказания, прозрения и видение прошлого*
Материальная реальность	Распределенная в пространстве материальная реальность: *материки, атмосфера, океаны, острова, горы, пустыни, рельеф, и прочее. интерьер и экстерьер, вещи в широком смысле*	Существующая во времени материальная реальность: *изменяющиеся со временем материальные реальности, рождающиеся материальные реальности*	**Материалистическая философия:** *механика, физика, химия, материаловедение и прочие*	Бытовая материальная реальность: *квартира, машина, дача, мебель, одежда-обувь, отопление-охлаждение, водопровод, канализация, связь, всякие гизмы, дивайсы, бытовой инструмент и приспособления*	Сексуальная материальная реальность: *сексуальные приспособления, вещи для секса*	Мистическая материальная реальность: *вещи, обладающие магическими свойствами, амулеты и обереги и пр.*
Бытовая реальность	Быт в пространстве преодоление пространства в быту: *на работу и с работы, домой и на дачу, в гости и в ресторан, в магазин и пр., транспорт, обустройство пространства*	Быт во времени: *временные затраты на работу, на отдых, на развлечение, на сон и прочее*	Материализованный быт: *уровень жизни и потребления материальных благ*	**Обывательская философия**	Сексуальный быт: *привычный и экстремальный секс*	Мистически-магический быт: *исполнение магических обрядов вроде «плюнь через левое плечо», номера на машины с мистическими наборами цифр и прочее отслеживание*
Сексуальная реальность	Секс в пространстве: *пространственно различающиеся сексуальные практики (восточные, западные и пр.)*	Секс во времени: *доисторический секс, современный секс, ситуативный секс*	Материализованная сексуальная реальность: *сексапильность*	Бытовой секс	**Сексуальная философия:** *сексология*	Мистифицированная сексуальная реальность: *магический секс, обрядовый секс*
Мистическая реальность	Мистика и магия в пространстве: *магическая трансформация пространства*	Мистика и магия времени: *воздействие на время, путешествия в прошлое и будущее*	Мистика и магия с материальной реальностью: *трансмутации элементов, превращение одних материальных реальностей в другие*	Бытовая мистика и магия: *заговоры, приметы, магические запреты на бытовые действия*	Сексуальная мистика и магия: *привороты – отвороты, увеличение-уменьшение потенции, сексапильности, любовные заговоры*	**Философия мистики и магии**

Еще более скудное мировоззрение, ограниченное пространственным политическим и бытовым уровнем можно представить следующей таблицей:

Таблица 22.

Обывательская картина мира

Специализации философов \ Уровни реальности	Философы от пространства	Политические философы	Философствующие обыватели
Пространство	Философия пространства: *астрономия, разного рода географии, топология*	Политические пространства: *пространство власти, границы власти, политические центры и периферия, размеры политических объектов*	Бытовые пространства: *пространство быта и бытовых отношений, его размеры и формы*
Политическая реальность	Пространственная политика: *Государства, адм-территориальное деление, государственные и административные границы, округа, межгосударственные союзы*	Политическая философия: *политология, политические науки*	Бытовая политическая реальность: *друзья и враги*
Бытовая реальность	Быт в пространстве: *преодоление пространства в быту на работу, с работы, в гости, транспорт, обустройство пространства*	Политический быт: *политические споры и разговоры, собрания и встречи, союзы и соглашения*	Обывательская философия

Если исходить из статистических характеристик информационного пространства, то в нем доминируют люди примерно с таким мировоззрением.

Таблица 23.

Материально-сексуально-мистическая картина мира

Специализации философов уровни реальности	Философы от пространства	Философы от времени	Материалисты	Философствующие обыватели	Философствующие сексологи	Философствующие колдуны и ведьмы
Пространство	Философия пространства: *астрономия, разного рода географии, топология*	Пространства, меняющиеся во времени: *меры, единицы измерения*	Материальные пространства: *размеры и форма материальных объектов, расстояния между материальными объектами*	Бытовые пространства: *пространство быта и бытовых отношений, его размеры и формы*	Сексуальные пространства: *пространство сексуальных отношений, размеры и форма сексуальных объектов*	Магические пространства: *пространства, наполненные мистическим смыслом, волшебные пространства, размеры и форма магических объектов*
Время	Локальное время	Философия времени: *хронология, хронометрия, естественная и социальная истории*	Материализованное время: *возраст материальных объектов, часы как материализованное время, Разметка времени через изменение материальных объектов*	Бытовое время: *утро, день вечер, сегодня-завтра, давно и вчера, на той неделе и в прошлом году. Рабочее время и время отдыха*	Сексуальное время: *время сексуальных отношений*	Магическое время: *время колдовства, трансформированное время (будущее-прошлое), предсказания, прозрения и видение прошлого*
Материальная реальность	Распределенная в пространстве материальная реальность: *материки, атмосфера, океаны, острова, горы, пустыни, рельеф, и пр. вещи в широком смысле*	Существующая во времени материальная реальность: *изменяющиеся со временем материальные реальности, рождающиеся материальные реальности*	Материалистическая философия: *механика, физика, химия, материаловедение и прочие*	Бытовая материальная реальность: *квартира, машина, дача, мебель, одежда-обувь, отопление-охлаждение, водопровод, канализация, связь, гизмы, диваны, бытовой инструмент*	Сексуальная материальная реальность: *сексуальные приспособления, вещи для секса*	Мистическая материальная реальность: *вещи, обладающие магическими свойствами, амулеты и обереги и пр.*
Бытовая реальность	Быт в пространстве: *преодоление пространства в быту на работу, с работы, в гости, транспорт, обустройство пространства*	Быт во времени: *временные затраты на работу, на отдых, на развлечение, на сон и прочее*	Материализованный быт: *уровень жизни и потребления материальных благ*	Обывательская философия	Сексуальный быт: *привычный и экстремальный секс*	Мистически-магический быт: *исполнение магических обрядов вроде «плюнь через левое плечо», номера на машины с мистическими наборами цифр и пр.*
Сексуальная реальность	Секс в пространстве: *пространственно различающиеся сексуальные практики (восточные, западные пр)*	Секс во времени: *доисторический секс, современный секс, ситуативный секс*	Материализованная сексуальная реальность: *сексапильность*	Бытовой секс	Сексуальная философия: *сексология*	Мистифицированная сексуальная реальность: *магический секс, обрядовый секс*
Мистическая реальность	Мистика и магия в пространстве: *магическая трансформация пространства*	Мистика и магия во времени: *воздействие на время, путешествия в прошлое и будущее*	Мистика и магия с материальной реальностью: *трансмутации элементов, превращение одних материальных реальностей в другие*	Бытовая мистика и магия: *заговоры, приметы, магические запреты на бытовые действия*	Сексуальная мистика и магия привороты: *отвороты, увеличение - уменьшение потенции, сексапильности, любовные заговоры*	Философия мистики и магии

Базовыми уровнями реальностями для такого мировоззрения являются пространство, материальная реальность, быт, секс и мистика.

Картины мира и организация поиска в информационном пространстве

Можно говорить о том, что приведенные табличные формы дают представление именно о философско-онтологических видениях мира, структура которых дискутируется как отношения между материальным и социальным, социальным и биологическим, пространственно-временным и материальным, и так далее. Эти отношения объективируются в категориях, в той или иной степени соотносимых с википедийными рубрикаторами и иногда имеющими собственно научные референты (также как и одноименные научным феномены научной реальности).

Применяя логику, разработанную для представления структуры научного знания, можно сказать, что любая часть таблицы, сформированная соответственно ее логике (отношения между уровнями реальности и одноименными уровням реальности философами) задает набор признаков таксона особого рода. Каждый таксон представляет некоторую картину мира. Таблицы могут быть разбиты на таксоны многими способами, количество которых ограничено набором уровней и комбинациями из них. Логически возможное количество вариантов картин мира весьма велико даже в рамках, ограниченных теми уровнями реальности, которые мы рассматривали.

В нашу задачу входит установление более менее однозначного соответствия между произвольным набором поисковых слов, категориями википедии и категориями картин мира. Идентификация уровней реальности по набору поисковых слов предполагает то, что признаки таблицы соотносятся с рубрикаторами википедии, рассматриваемой нами как источник слов, которыми описываются картины мира. Для установления такого соответствия массив сведений википедии должен быть проиндексирован согласно категориям картин мира.

Вернемся к таблице 2.

Типы поисков (люди, ищущие что-то) / Уровни поиска	Ищущие слова (факты)	Ищущие наборы слов	Ищущие определения	Ищущие концептуальные тексты — картины мира
Значения слов	Толковые и иные словари	Словарные значения наборов поисковых слов	Категориальный состав википедий	Словарный состав описаний картин мира
Информация по ключевым словам	Наборы ссылок на сайты, на которых содержатся поисковые слова	Содержимое сети, тезаурусы	Ссылки на сайты, на которые отсылают определения википедии	Наборы ссылок на сайты, на которых содержится мировоззренческая информация
Категории википедии	Википедийное определение значений поисковых слова	Википедийное определение наборов поисковых слов	Википедии	Индексированное сообразно картинам мира содержимое википедий
Картины мира	Отнесение поискового слова к картине мира, его идентификация как признака таксона	Идентификация набора поисковых слов как фрагмента картины мира	Категории википедии как признаки таксонов - картин мира	Картины мира

Картины мира - в этом представлении структуры поиска - выступают уровнем поиска, дополнительным к уже существующим. Включение представлений о картинах мира уже сейчас позволяет поисковой системе «Гитика» оценивать вероятность принадлежности найденной информации к той или иной картине мире и селектировать те источники, которые — при терминологическом сходстве — не имеют отношения к интересам ищущего.

Объектом поиска в системе становится не единичный признак и не случайный набор признаков, а именно их совокупность — таксон, некая картина мира. При этом предполагается, что набор слов, вводимых в соответствующую строку поисковой машины, сначала обрабатывается таким образом, что преобразуется в матрицу соответствующей запросу картины мира. После чего эта матрица трансформируется в категории индексированной википедии и приобретает статус поискового запроса. Результат запроса может выдаваться в привычной форме ссылок на сайты, содержащие информацию по сути запроса, а может — после разработки соответствующего алгоритма — выдаваться в табличной форме, как наполнение таблицы, соответствующей той картине мира, в рамках которой формулировался запрос.

При такой реализации логики поиска диагональные элементы таблицы становятся раскрывающимися меню, в которых перечислены категории википедии, соответствующие запросу. При выборе одной из категорий, таблица перестраивается сообразно запросу так, что содержание клеток становится ответом на поисковый запрос.

Сам набор признаков, характеризующий таксоны — картины мира и заданный сейчас терминами приведенных выше таблиц, заведомо не полон и не может быть таковым по определению. И не только потому, что социальная жизнь порождает все новые и новые реальности, которые могут быть — если следовать описанной выше логике — включены в уже имеющиеся картины мира с соответствующим их расширением. Но и потому, что сами картины мира могут быть заданы неограниченными количеством признаков. Их списки не могут быть закрытыми.

Поэтому конкретизация и верификация признаков, образующих таксоны — картины мира может быть предметом отдельной поисковой процедуры, аналогов которой в настоящее время нет.

На табл 24 представлена структура этой процедуры. Таблица образована отношениями между элементами четвертого (картины мира) столбца и строки табл 24

Таблица 24.

Структура поиска в картинах мира

Типы поисков / уровни поиска	Ищущие к какой картине мира принадлежит слово (термин)	Ищущие к какой картине мире принадлежит искомый набор слов	Ищущие к какой картине мире принадлежит категории википедии
Слова-признаки таксонов	Тезаурус признаков - индикаторов принадлежности к картине мира	Слова-признаки, являющиеся элементами таксона — картины мира	Слова- признаки, входящие в описание категории википедии
Таксоны (наборы поисковых слов- совокупность признаков таксона)	Таксон, определяемый фиксированным поисковым словом	**Таксоны, их иерархии (вложенные друг в друга картины мира, заданные словами -признаками)**	Таксоны, описываемые категориями википедии
Категории википедии как таксоны высшего	Категория википедии, в определение которой входит поисковое слово	Категория википедии, соотносимая с набором поисковых слов	**Картины мира, представленные категориями википедии**

Для организации поиска в пространстве картин мира необходимо создать тезаурус признаков таксонов — картин мира, построить дерево вложенных друг в друга таксонов — картин мира и более менее однозначно сопоставить категориям википедии признаки таксонов - картин мира, упорядоченные соответствующей таксономией.

Заключение

Таким образом, реализуемый нами подход позволяет сблизить философскую и собственно информационно-программистскую методологии поиска информации и ее обработки. При этом философские по происхождению понятия онтологии и таксономии получают вполне эмпирическую интерпретацию.

Разработанная методология и технология поиска прямо не конкурирует с уже существующими алгоритмами поиска, но выступает дополнительной к ним, включая их как свои элементы. В какой-то мере сохраняются привычные, видимые пользователю интерфейсы поиска, в то время как его внутренняя организация меняется кардинально.

Развитие технологии поиска по картинам мира может дать принципиально новые возможности не только самого поиска, но и организации уже существующей и возможной информации, фиксируя и объективируя отношения между еще не вполне оформившимися философскими реальностями.

Примечания

[1] Анализ условий применимости понятия «состоять из» дан в работе: Симон Кордонский «Идеальные объекты и циклы деятельности» М.Пантори. 2001

[2] Пионерные попытки построить лингвистические картины мира на основе концепции праязыка осуществлялись С. Старостиным и его учениками, однако они не дали ожидаемых результатов, может быть в связи с безвременной кончиной этого ученого. (Сергей Старостин. Современное состояние макрокомпаративистики. -- Сравнительно-историческое исследование языков: современное состояние и перспективы, стр. 163-166. Москва,2003. Список работ С. Старостина и другие материалы о нем см. на сайте http://starling.rinet.ru/memorial/worksru.php)

[3] Ставя задачу реконструкции логик картин мира и занимаясь структурой информационного пространства, мы не претендуем на описание или объяснение «объективного» устройства чего бы то ни было, то есть стремимся сами не философствовать.

[4] С. Кордонский, упомянутая работа.

[5]
1. Количество ключевых слов или запросов на странице и на сайте.
2. Отношение числа слов на сайте к их количеству на сайте.
3. Отношение числа слов на странице к их количеству на странице.
4. Индекс цитирования.
5. Тематика и ее популярность.
6. Количество запросов по ключевому запросу за период времени.
7. Общее количество проиндексированных страниц сайта.
8. Применение стиля к страницам ресурса.
9. Объём текста всего сайта.
10. Общий размер сайта.
11. Размер каждой страницы сайта.
12. Объём текста на каждой странице сайта.
13. Возраст домена и время существования сайта.
14. Домен и URL сайта и его страниц, наличие в нем ключевых слов.
15. Частота обновления информации на сайте.
16. Последнее обновление сайта и его страниц.
17. Общее число иллюстраций (рисунков, фотографий) на сайте и на странице.
18. Количество мультимедийных файлов.
19. Наличие описаний (замещающих надписей) на иллюстрациях.
20. Количество символов (длина) в описании иллюстраций.
21. Использование фреймов.
22. Язык сайта.
23. Географическое положение сайта.
24. Шрифты и теги, которыми оформлены ключевые слова и фразы.
25. Где на странице располагаются ключевые слова.
26. Стиль заголовков.
27. Наличие и анализ мета-тегов «title» «description» «keywords».
28. Параметры файла «robot.txt».
29. Программный код сайта.
30. Присутствие в составе сайта flash модулей.
31. Наличие дублей страниц или контента .
32. Соответствие содержания сайта разделу каталога поисковика.
33. Наличие «стоп слов» .
34. Количество внутренних ссылок сайта.
35. Количество внешних входящих и исходящих ссылок .
36. Использование java скриптов.

37. Другие параметры.
http://www.a-guide.ru/stati/algoritmy-raboty-poiskovyh-sistem..html

[6] Понятие онтологии специфично для философии и для описания внутренней организации информационных пространств http://ru.wikipedia.org/wiki/Онтология_причем содержание их определений существенно различается. Мы используем понятие онтологии в философском смысле, устанавливая связи между философским и информационным определениями. В этой работе мы — подчеркиваем — ограничиваемся только онтологиями, не рассматривая ни отношения между реалиями, признаваемыми существующими в рамках данного мировоззрения, ни специфические для конкретной картины миры объяснения того, почему существует то, что существует. Это позволяет нам не философствовать самим, оставаясь в рамках анализа начальных условий философствований.

[7] А.А. Любищев. О критериях реальности в таксономии. «Проблемы формы систематики эволюции организмов» М.1982г

[8] В практике научного исследования непосредственно существующими и предшествующими исследованию считаются только эмпирические феномены (особи, отдельности), которые доступны в прямом или приборном наблюдении. Все другие формы существования считаются производными от эмпирического существования.

Результатом описания непосредственно существующих феноменов являются таксоны. То есть существующими признаются не индивидуальные объекты, а таксоны. Таксоны — устойчивые объединения признаков сходства особей, устойчивые в том смысле, что выдерживают проверку путем обращения к исходному индивидуальному объекту. Совокупность таксонов задает теоретические представления о существовании, то есть онтологии — в определенном выше смысле.

Таксоны представляют собой объективации (онтологизации) признаков сходства. Если два эмпирических объекта имеют сходные признаки, то таксоном объявляется совокупность признаков сходства. Сравнение эмпирических объектов может происходить по разным признакам, в том числе и соподчиненным, включающим друг друга. Например, все данные особи красного цвета, поэтому они объединяются в таксон «красные». Однако сам признак сходства «краснота» имеет оттенки и поэтому в таксоне «красные» можно при желании или необходимости выделять подтаксоны (более низкого уровня) «розовые», «розовые с крапинкой» или «розовокоричневые». Причем таксоны «розовые», «розовые с крапинкой» и «розовокоричневые» субординированы таксону «красные». Соответственно, таксону «розовые в крапинку», в частности, могут быть субординированы таксоны «розовые в голубую крапинку», «розовые в белую крапинку» и «розовые в черную крапинку».

Таксоны, если они сформированы «правильно», не существуют по отдельности, они образуют системы таксонов, то есть упорядоченные (чаще всего иерархизированные) совокупности представлений о существовании. Сам факт наличия системы таксонов свидетельствует о том, что предметная области знания действительно существует.

Все области знания имеют свои специфические онтологии, но только в отдельных из них сформированы технологии проверки таксонов на устойчивость, то есть верификация представлений о существовании. Это прежде всего описательная биология с ее определителями — ключами, а также система кристаллических форм Федорова - Шенфлиса, классификация химических элементов (таблица Менделеева), классификация химических соединений через задание их структуры атомами и отношениями-связями между ними (химические формулы).

После того, как предметная онтология создана и заданы правила ее интерпретации, существование составляющих ее таксонов становится само собой разумеющимся и не обсуждаемым — в данной области знания.

Задачи классификации и формирование онтологий является, в то же время, задачей формирования предметных областей знания, их оформления как социальных институтов.

В то же время, представления о существовании, более-менее однозначно определенные в предметных областях науки (с верифицируемыми представлениями о существовании, то есть с системами таксонов), мигрируют из собственно науки в культуру и социальную жизнь. В частности, это проявляется ва том, что знание о существовании, сформированное в некой предметной области знания, становится общим, культурным знанием. Так, таксоны растения, животные или минералы, будучи полностью определенными в зоологии, ботанике и минералогии, попадая в культуру, теряют предметную неопределенность и начинают существовать сами по себе, вне предметных областей. Они трансформируются в философии предметных отраслей знания. При этом теряются способы верификации предметных онтологий.

Таксоны разных областей знания приобретают в культуре самостоятельное существование, становятся рядоположенными.

Более того, в философиях теряется естественная для предметного знания иерархия таксонов. Атомы, гены, грибы и планеты, например, считаются существующими безотносительно к чему бы то ни было. В культуре, заданной в частности совокупностью сведений информационного поля, таксоны разных предметных областей сосуществуют, вне зависимости от предметного контекста. Совокупность таких сведений, дополненных не имеющими референтов в науке сущностями, и составляет основы соответствующих частных философий.

В биологии сформировалась отдельная область профессиональной деятельности, специализированная на упорядочении таксонов. Таксономия - (от греч. taxis - строй, порядок, расположение по порядку и nomos - закон), теория классификации и систематизации сложно организованных областей действительности, имеющих обычно иерархическое строение (органический мир, объекты географии, геологии, языкознания, этнографии и т.д.). Термин (предложен в 1813 швейцарским ботаником О. Декандолем) длительное время употреблялся как синоним систематики. В 60-70-х гг. XX в. возникла тенденция определять таксономию как раздел систематики, как учение о системе таксономических категорий, обозначающих соподчиненные группы объектов — таксоны.

Опыт биологии не транслируется в другие области знания из-за трудоемкости-громоздкости, в первую очередь. Были многочисленные попытки повторить опыт биологической систематики в других областях знания, основанные, в том числе, на разного рода статистических-математических манипуляциях, однако они не привели к сравнимым с полученным в описательной биологии результатам. Поэтому в других, нежели биология, областях знания теоретические представления о существовании имеют далеко не столь операциональный характер.

Тем не менее, существует более-менее общепринятая классификация существований, основанная на идеологии царств природы как таксонов высшего порядка. Список таксонов ранга царства природы варьирует, но обязательно включает в себя царства растений, животных, минералов.

Высокая степень упорядоченности некоторых предметных картин мира лишь в малой степени связана с тем, как ученые эту упорядоченность отображают в своих философских представлениях о мире. Например, в названной выше биологии, в качестве мировоззрения доминируют архаичные представления о происхождении жизни «путем естественного отбора» и структуре ее форм, практически не связанные с тем багажом знаний, который консолидирован в науках биологического цикла. Можно даже предположить, что чем больше развита область знания, тем менее прозрачна соответствующая знанию картина мира, философия. Огромному эмпирическому и теоретическому багажу физики, химии и механики, например, соответствует весьма не прозрачная материалистическая картина мира. А в социальных науках непрозрачность предметной области сопряжена с туманностью философских представлений о социальном в такой степени, что чаще всего научные результаты и философские картины мира не различимы.

[9] В.И. Ленин. «Материализм и эмпириокритицизм». М., 1984

[10] В.М. Банщиков, Б.Ф. Ломов. Соотношение биологического и социального в человеке М.,1975

[11] А. Грюнбаум. Философские проблемы пространства и времени. М. Прогресс, 1969

[12] Дж. Уитроу. Естественная философия времени М. Прогресс, 1964

[13] http://ru.wikipedia.org/wiki/Материализм (в клиническом случае - диалектический материализм)

[14] П. Медавар, Дж. Медавар. Наука о живом. Современные концепции в биологии. М. Мир, 1983

[15] http://ru.wikipedia.org/wiki/Социальная философия

[16] http://ru.wikipedia.org/wiki/Идеализм

[17] Это создает исключительно благоприятные условия для философских дискуссий на тему оснований бытия, его структуры, первичности одних сущностей и вторичности других.

[18] http://ru.wikipedia.org/wiki/Политическая_философия

[19] Маршалл Маклюэн. Понимание медиа: внешние расширения человека. М.: Кучково поле, 2007.

[20] http://demoscope.ri/weekly/knigi/konfer/konfer_020.html

Содержание

Введение — 6
    Картины мира и их информационные проекции — 8
    Картины мира и алгоритмы поиска информации — 10
    Цели работы, ее ограничения и информационная основа — 12
    Формализованное представление о существующих способах поиска информации — 14

Картины мира как философские реконструкции «реальности» — 16
    Философские реальности — 19
    Научная реальность как философская конструкции — 19
    Уровни реальности — 20

Философы как элементы картин мира — 22
    Отношения между уровнями реальности и философами — 23
    Веерно-матричное представление отношений между уровнями реальности и философами — 26
    Отношения между одноименными уровнями реальности и философами — 29
    Отношения между разноименными уровнями реальности и философами — 30
    Переопределение базовых понятий — 39
    Порождение реальностей в социальной практике — 41
    Мировоззренческие редукции, или частные картины мира — 48

Картины мира и организация поиска в информационном пространстве — 51

Заключение — 54

Примечания — 55

www.ingramcontent.com/pod-product-compliance
Lightning Source LLC
Chambersburg PA
CBHW082334180426
43198CB00039BA/2588